鲜切花综合保鲜技术与疑难解答

吴红芝　赵　燕　主编

中国农业出版社

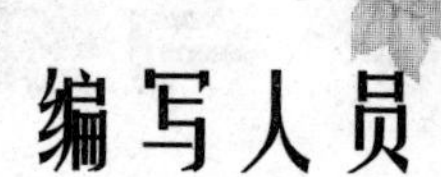

编写人员

吴红芝（云南农业大学园林园艺学院）

赵　燕（云南农业大学园林园艺学院）

李　涵（云南省农业科学院花卉研究所）

曹　桦（云南省农业科学院花卉研究所）

刘雅婷（云南农业大学农业生物技术学院）

许　彬（云南农业大学园林园艺学院）

陈　贤（云南农业大学园林园艺学院）

李枝林（云南农业大学园林园艺学院）

前言

花卉产业是一项集经济效益、社会效益、生态效益于一体的绿色产业，也是农业领域中的朝阳产业之一，在能源成本不断升高、全球经济一体化的大环境下，花卉产业产销地分离的格局越来越突出。我国花卉生产发展非常迅速，区域化特点也十分突出。据农业部统计，2007年全国花卉生产面积达75万公顷，是1997年8.6万公顷的8.7倍，占到全球花卉种植总面积的1/3，成为花卉生产面积最大的国家。2007年的花卉总产值达到613亿元，是1995年90亿元的6.8倍；花卉出口额为1.4亿美元，是1998年不足300万美元的46.7倍。切花生产形成了以云南、广东、浙江、辽宁等省份为主，总销售量共占到全国70%以上的格局。

花卉产品从采收到消费者手里的各个流通环节，从数量及质量上都会不可避免地产生一定的损耗，影响其商品价值和观赏性，尤其是以花叶为主的鲜切花，是花卉产品中最易失鲜变质的产品。

鲜切花保鲜是为了减少切花采后损耗，在充分了解采后所发生的生理变化和环境因素对其质量的影响的基础上，采取相应的技术措施，延缓花卉的衰老过程并尽可能延长其最佳观赏价值的技术，包括采收、预冷、分级包装、贮藏、运输、批发、零售及消费等各个不同环节，涉及种植者、零售商及消费者等不同对象。

本书在对鲜切花采后质量主要影响因子、以荷兰市场为代表的质量标准、国内外保鲜技术的发展情况、新技术及其原理进行概述的基础上，重点阐述不同切花的综合保鲜技术、鲜切花采后保鲜常见问题及其应对策略。书中引用和总结了近年来国内外许多学者的研究成果，在此对他们表示深深的敬意和感谢。

鲜切花涉及的种类繁多，采后生理特点非常复杂，要求的采后处理技术也是多样化的，编者的知识及掌握的资料有限，书中难免有错漏不足之处，敬请读者谅解并提出宝贵意见。

编　者

2011年10月

目 录

第一章

影响切花品质的主要因子

第一节　切花的种和品种

切花的种和品种的不同，其采后的瓶插寿命、采后品质差异较大。

不同种类的切花其采后寿命不同，如红掌切花的采后寿命可长达1～2个月，而百合花一般只有七八天到十几天。同一种类不同品种间的差异也非常大，瓶插寿命可相差一倍，如月季红色系品种的瓶插寿命一般为7天左右，而粉色系品种一般可达15天左右；火鹤花品种波仕特的瓶插寿命达30天，而另一品种丘比特的瓶插寿命仅为15天左右；百合的木门、曼尼萨等品种的瓶插寿命可达2周左右，而一些品种如帝伯等品种的瓶插寿命仅为1周左右；有的切花，如非洲菊、六出花不同品种间的差异甚至更大。不同种和品种的切花在很多方面存在差异，如月季、非洲菊的不同品种对于弯茎现象的敏感性差异也很大。

此外，切花的寿命还与花茎的粗度和细胞膨胀度（即水分含量）有关，花茎越粗，越能忍耐弯曲和折断，可能是含有较多的供切花用的呼吸基质（主要是糖类），因而瓶插寿命较长。采后寿命的差异还与植物的解剖和生理特征有关，如月季的Golden Wave品种之所以萎蔫较快、瓶插寿命较短，主要是其叶片气孔在水分亏缺时关闭功能差，易于蒸腾失水。一般乙烯产生较多的品种比乙烯产生较少的品种衰老快。

因此，种植者在选择和引进种植的切花种类或品种时，首先要对此种切花及种植品种进行详尽了解，尽可能选择采后品质高、瓶插寿命长的品种。目前的花卉育种工作已将采后寿命长作为切花选育种工作的重要目标之一，在评价一个新引进或新育成的切花种和品种时，瓶插寿命亦成为育种人考虑的重要指标之一。

第二节　采前栽培条件

切花的外观、品质和货架寿命，取决于栽培时的技术措施、适宜的采收时间和方法以及采后处理技术。在最佳栽培条件下培育的切花产品将表现出较好的品质。下面介绍栽培因子对花卉产品采后品质及寿命的影响。

1. 光照　切花产品中光合产物——碳水化合物的含量直接与切花的采后寿命相关联，光照度对光合作用效率有直接的影响，栽培在高光照度下切花的瓶插寿命要比低光照条件下的更长。在低光照强度下，切花花茎过度生长，茎的成熟延迟，花茎成熟（硬化）不充分，不能支持花朵的重量，如月季、香石竹、非洲菊等切花的弯茎现象。因此切花采前光照条件好，切花中含有较多的碳水化合物（尤其是可溶性糖类），其采后瓶插寿命较长。

光照度还影响花瓣的色泽，当花色素苷在月季花瓣中形成时，若光照度不足，会使花瓣泛蓝。在温室中增加 CO_2 浓度，可促进光合作用，防止花瓣泛蓝。研究表明，当月季花蕾生长在低光照条件下，其切花若用糖溶液处理，花蕾开放后呈正常色泽，而无糖溶液处理的切花花瓣颜色较苍白。这一现象表明，花瓣色泽强度取决于其周围组织中的碳水化合物的供应量，因此含有碳水化合物的化学保鲜剂，可补充切花呼吸作用所需的糖源，从而使切花保持其原有的色泽和品质，提高切花观赏品质。

2. 温度　栽培温度过高会缩短切花的货架寿命，降低其品质。这是由于高温加速植物组织中碳水化合物的消耗，减少碳水化合物在切花体内的积累，如小苍兰、鸢尾、郁金香栽培温度在10℃左右时，其切花品质较好；月季栽培在20～21℃条件下，瓶插寿命最长，在采前21天将温度从适宜的20～24℃降为12～15℃或升为27℃时，均会降低月季切花的吸水率和瓶插寿命。栽培温度偏离最适温度，也会缩短切花的采后寿命，如栽培在25℃条件下的香石竹采后寿命比在20℃时短一些；气温高于27℃时月季花瓣数会减少，花径变小；若生长温度过低，会造成月季切花的弯茎增多。

因此，种植者要根据所种植切花品种对温度的要求，冬天温度达不到生长和开花的最低温度时，要对温室进行加温；而夏天温度过高时，要进行适当的降温，以保证合适的栽培温度；同时为了减少叶片的脱落和花的畸形，种植者应尽量避免温室内温度的激烈波动。随着世界范围环境保护意识的增强和降低能耗的要求日益增高，目前，花卉育种人也将品种的抗寒性与耐热性作为新品种选培育的目标之一，以进一步降低花卉生产过程中的能源消耗。

3. 施肥　高质量切花的生产，要求合理的施肥，合理施肥使切花植株生长充分，积累充足的光合产物，耐贮性和抗病性增强。若过量偏施氮肥将使植株贪青徒长，消耗碳水化合物过多，导致切花采后寿命缩短，抗病性降低。研究表明，月季叶面喷施低浓度钾肥可降低花梗弯曲发生率，缺钾或缺钙均易引起月季弯茎；栽培时缺乏钙、钾、硼，会缩短香石竹的瓶插寿命。但过量施肥对切花的品质也有不利影响，如过量施氮肥将缩短切花瓶插寿命，增加病害感染的几率，尤其会引发灰霉病；硝态氮对菊花瓶插寿命的影响高于氨态氮及尿素；土壤基质中含盐和含氯过高将造成生理损伤，缩短切花采后寿命。

由于适宜和过度的施肥量之间幅度较宽，在实践上常常难于把握，因此，在切花施肥技术方面可以体现栽培者与栽培者之间在技术和管理技巧上的差别，好的栽培者充分了解所种植切花对肥力的要求，能做到合理施肥，提高切花采后品质。一般在切花栽培期间，氮肥过量会促使切花营养生长过盛，进而降低切花品质，还容易促进乙烯产生，加速切花衰老。因此，在花蕾现色之前要少施或停施氮肥，防止因枝叶柔嫩而保鲜时间和瓶插寿命降低。

4. 灌水　水对植物生长具有重要意义，土壤中过量的水分或水分不足均会引起植株的生理压力，促进切花的衰老进程，最终减少切花的瓶插寿命。尤其是土壤中过量的水分对根系的呼吸极其不利，影响植株的水分平衡，因此保持土壤的相对干燥，不仅有利于根系发育，而且可延长采后保鲜期。但水分亏缺与过量的土壤含盐量一样，也会导致切花衰老进程加快，所以按不同切花对水分的要求合理灌水也是切花种植者必须具备的基本技能之一。

5. 空气湿度　空气湿度过高可为病菌（尤其是灰霉菌）的发生和发展提供良好的条件，导致切花损耗、产生伤乙烯、花枝导管堵塞等，从而加速切花衰老进程，降低贮藏寿命；空气湿度过低，则蒸腾过量，失水萎蔫。因此，在切花的种植过程中，种植者要对温室进行适当的通气，以降低过高的空气湿度，防止病虫害的侵染，进而提高切花的采后品质。

6. 病虫害　病虫为害损伤植株的器官，引起花瓣和叶片脱色、脱水以及伤乙烯的产生，此外病菌本身也会产生乙烯，从而加速老化，导致器官脱落。

在切花栽培过程中严格控制病虫害，对于生产质量高和瓶插寿命长的切花至关重要。在切花上市后的各个环节中，经销商和消费者一般不会喷药防治病虫害，生产过程所携带的病虫害会损伤植物器官，引起花瓣和叶片脱色，易使组织丧失水分。切花的脱水将加速萎蔫和乙烯生成，研究表明，感染葡萄孢属、交链孢

属、柄锈菌属、小隐孢壳属、射线孢属、双孢被盘菌属等真菌的植物组织及这些微生物本身均会产生大量乙烯，而乙烯的生成又进一步加速切花老化，引起叶片和花瓣脱落，从而严重影响到切花采后品质与瓶插寿命。龚范武等研究了菊花采前喷施青霉素对采后瓶插寿命的影响，试验证明以400毫克/升的质量浓度瓶插寿命最长，平均达18天，且处理过的菊花，花瓣色泽比较鲜艳，花的直径明显大于清水处理。

病虫害除了影响到切花的观赏品质和采后寿命外，其切花及叶上带有病斑及病虫卵还是限制其国际贸易的主要原因。因而在出口时切花常用甲基溴化物熏蒸消毒以延长其采后寿命，但该方法对许多切花本身也有害，甚至在不引起可见的物理损伤时，缩短其货架寿命。作为替代法，新西兰的鲜花生产商将采后鲜切花放在一个箱内熏蒸消毒来控制病虫害，具体方法是：将青霉素溶解于一个装有 CO_2 的压力罐中，并将此“溶液”用管子输入箱中，随着 CO_2 的挥发，青霉素覆盖于叶或花的表面形成一层薄膜，能在很大范围内杀死对其敏感的昆虫。目前，许多国家花卉生产者正努力尝试用非化学法来杀死病虫，如用某种虫害的天敌来杀死病虫，但这给切花生产者带来了检疫问题，发展上受到了一定的限制。另一种切花采后的昆虫非化学防治方法为调节贮藏环境的气体成分（气调贮藏），即通过减少 O_2 含量，提高 CO_2 含量来杀灭害虫，这种方法在美国已得到了应用推广，是防治病虫专家认为效果较好的方法。

所以，种植者在切花的整个种植过程中，不仅要全方位防治病虫害，同时为降低对生态环境的污染，在防治过程中要尽量选用安全农药或非化学方法进行防治。

7. 环境污染　对切花采后品质造成影响的主要污染源是燃气，燃气中含有的大量乙烯和其他有害物质会加速切花的衰老，故温室中要避免使用煤气、内燃机等设备。

此外，腐烂中的植物残渣、授过粉的花朵等会产生大量的乙烯，促使温室中其他切花的衰败。故栽培者应随时保持温室内的环境清洁，及时摘除授过粉的花朵，清除腐烂的植物残渣，对乙烯特别敏感的切花（如兰花），应移至网室中栽培。

第三节　采后生理学变化及其影响因子

采后影响切花品质的生理变化主要有呼吸代谢变化、水分平衡变化、切花成熟和衰老进程中的生物学变化。

一、呼吸代谢变化

呼吸是所有花卉产品共有的生理代谢过程，一方面提供切花维持生命活动所必需的能量，另一方面却带来营养物质的自身消耗，同时还是使切花发热变质的热量源泉。在切花采收后，光合作用基本停止，呼吸作用成为新陈代谢的主导过程，也是体现其为“活物”的标志，切花本身呼吸的强弱，密切地影响着其在贮运中的生理机能、生理失调和衰老的进程等，也就是影响其耐贮运性和抗病性。

（一）呼吸作用

呼吸作用标志着生命的存在，活细胞在自然进行呼吸。

呼吸作用即植物有机体在一系列复杂的酶的参与下，经由许多中间反应环节进行生物氧化—还原过程，把复杂的有机物逐步分解为简单物质，同时释放能量的过程。呼吸分为有氧呼吸和无氧呼吸两种：

1. 有氧呼吸　有氧呼吸是植物进行呼吸作用的主要形式，是指活细胞在有氧条件下，将有机物彻底氧化为 CO_2 和 H_2O，并释放大量能量供植物生命活动的过程，其化学式为：

$$C_6H_{12}O_6+6O_2 \longrightarrow 6CO_2+6H_2O+686\text{ 千焦}$$

2. 无氧呼吸　指在缺氧或氧气供应不足的情况下，细胞把某些有机物分解为不彻底的氧化产物（如乙醇或乙酸），同时释放少量能量的呼吸过程，其化学式为：

$$C_6H_{12}O_6 \longrightarrow 2C_2H_5OH + 2CO_2 + 54\text{ 千焦}$$

由上可见，呼吸作用是一个消耗有机体的过程，尤其是无氧呼吸，其作用仅是对有机物的不彻底氧化，供给很少量的能量，是贮存营养物质的非有效利用，可以说是浪费；其产物——乙醇对植物体具有毒害作用，是一个既耗费营养又产生毒害作用的极为不利的过程。作为被切断了母体营养源的切花等花卉产品，要尽量减少呼吸，特别是无氧呼吸带来的不利影响。一般从两个方面削弱呼吸作用带来的影响：继续供给营养物质同时降低呼吸强度，抑制呼吸作用的进行，但不能使其停止，否则切花寿命终止。

（二）与切花贮运关系密切的呼吸指标

1. 呼吸消耗与呼吸热　呼吸消耗指花卉产品采收后，由于呼吸作用而引起的干物质的净消耗（越少越好）。

呼吸热指花卉产品在呼吸时释放的能量，其中，一部分用于维持切花自身的生命活动，大部分则以热的形式释放到体外，释放到体外的那部分热即为呼吸热。

由于呼吸热的释放，使植物体本身成了一个发热体，导致周围环境温度升高，反过来又促进花材呼吸加强，加速贮存营养物质的消耗及更多呼吸热的释放，不利于花卉产品的贮运与保鲜，所以在贮藏运输中应尽可能降低呼吸速率，减少呼吸热的产生。另外，也要注意贮运环境的通风散热性，避免环境温度升高。

呼吸消耗与呼吸热因花卉植物种类、品种不同而差异很大，一般以表面积大、蜡质等角质层不发达的切花的呼吸速率较高，呼吸热的问题比较严重，贮运中应配有低温装置。

2. 呼吸跃变　切花在发育过程中，呼吸作用不都是平稳的。根据呼吸强度的变化模式，可将切花分为呼吸跃变型和非呼吸跃变型两大类。呼吸跃变型切花如香石竹，呼吸强度伴随着花朵开放进程逐渐上升，在盛开之前出现高峰，然后随着花朵衰老逐渐下降。因此，呼吸跃变的出现是跃变型花朵走向衰老的标志。非跃变型切花如菊花，呼吸强度在开花和衰老进程中无显著变化。

（三）影响切花呼吸的因素

切花在贮运过程中，呼吸强度与切花损耗密切相关。因此，在保障正常代谢的前提下，应尽量减小呼吸强度。影响切花呼吸强度的因素有自身和环境两方面。

1. 切花自身因素

（1）种和品种　以花叶为主要观赏器官的切花，其呼吸是所有花卉产品中最为旺盛的，其呼吸特点主要决定于不同种或品种的代谢特点及与环境气体交换的难易，如红掌表面有蜡质结构，气体交换不易，其呼吸强度明显低于香石竹、月季等。根据切花采后呼吸特点，将其划分为呼吸跃变型和非呼吸跃变型两类。

（2）采收成熟度　切花的采收成熟度与呼吸强度有关，采收成熟度反映切花花蕾的发育状况，成熟度低的呼吸强度相对较低，成熟度高的则相对较高。

2. 环境因素　是制订调控衰老措施的主要依据。

（1）温度　是影响切花呼吸作用最重要的环境因素。在一定的温度范围内，随温度升高酶活性增强，呼吸强度增大。通常，在生理温度范围内（5～35℃），温度对呼吸强度的关系基本上符合化学反应的温度系数，即 $Q_{10}=2\sim2.5$ 的规律。表1-1列出了不同温度对香石竹的呼吸强度与热释放的影响。

表 1-1　香石竹在不同温度下存放 6 小时后的呼吸强度与热释放

温度（℃）	呼吸强度［毫克 CO_2/（千克·时）］	热释放［英制热单位①/（英吨②·时）］
0	9.7	89
10	30.0	257
20	239.0	2 192
30	516.0	4 730
40	1 053.0	9 653

注：资料来源为 Marie et al.，1973。

表 1-2　低温及其持续时间对花烛花朵中还原糖、呼吸速率及花色的影响

处理		还原糖（毫克/克，以鲜重计）	呼吸速率［毫克/（时·千克），以鲜重计］	花色变化等级
温度（℃）	时间（小时）			
4	3	5.31±0.9	180±20	1.0
	6	5.63±0.1	165±24	1.0
	9	3.97±0.3	180±8	1.8
14	3	3.75±0.2	273±7	1.3
	6	2.91±0.3	240±5	2.0
	9	3.14±0.6	243±16	2.6
20	3	3.42±0.2	225±25	1.6
	6	2.84±0.3	220±26	2.5
	9	1.62±0.3	250±31	4.0

注：资料来自王合理，1999。

可见，温度对香石竹呼吸的影响十分显著，在 0℃条件下的呼吸强度约为 20℃下的 1/20。因此，在低温条件下贮藏，可以减少切花营养物质的损耗，延长新鲜寿命。温度对月季切花呼吸的影响也很明显，在 15℃中的呼吸速率是 5℃中的 3 倍，换言

注：①英制热单位为非法定计量单位，1 英制热单位=1 055.06 焦。
②英吨为非法定计量单位，1 英吨=1 016.046 9 千克。

之，在15℃中贮藏1天相当于在5℃中贮藏3天。

温度若超过35℃，一方面是高温促进化学反应的速度，另一方面是过高温度引起酶变性，从而抑制呼吸活性，因此植物在进入高温环境时，呼吸表现初期增高，随后降低直至为零。因此，必须避免高温贮藏环境；反之，贮藏温度过低引起呼吸代谢紊乱致使切花产生冷害。适宜的贮藏低温因切花种类而异。

（2）环境气体　气体成分是影响呼吸作用的另一个重要因素。环境气体成分主要包括O_2、CO_2以及C_2H_4等。由呼吸作用的方程式：$C_6H_{12}O_6+6O_2 \longrightarrow 6CO_2+6H_2O+Q$，可知，适当地降低环境中$O_2$浓度，或者增加$CO_2$浓度，可以抑制呼吸作用，在正常空气中的$O_2$和$CO_2$对植物不产生任何抑制或促进效果。这两种气体的浓度与呼吸作用之间的关系概括为表1-3。

表1-3　不同浓度的O_2和CO_2对切花呼吸作用的抑制效果

气体种类	质量分数（%）	抑制呼吸效果
CO_2	3	开始产生抑制效果
	5	抑制效果显著
	10	抑制过度
O_2	5	产生抑制效果
	3	抑制效果显著
	2	抑制过度

注：资料来源为高俊平，2002。

（3）空气相对湿度　空气相对湿度是指一定温度下空气中的水蒸气压与该温度下饱和水蒸气压的百分比。空气相对湿度对呼吸的影响为，环境中空气相对湿度较低时呼吸强度较小，但过度干燥引起切花失水，对贮藏是极为不利的，因此要避免湿度太小引起过量蒸发失水导致萎蔫。一般贮运环境保持85%～95%的空气相对湿度，因不同花材而有差异。

（4）机械损伤和病虫害　机械损伤通常称为物理伤害，切花

在栽培、采收、分级、包装等过程中都可能受到机械损伤。机械损伤程度不同，对呼吸的影响不同。轻度机械损伤促进呼吸作用，但经过一段时间能够恢复正常。重度机械损伤，是指切花出现明显的伤害，引起呼吸强度大幅度提高，经过一段时间也很难恢复，往往对切花造成一定影响。由重度机械损伤引起的呼吸称为伤呼吸。

机械损伤导致伤呼吸产生的原因是：机械损伤破坏了细胞结构，增加了酶与反应底物的接触机会，同时加速了组织内外气体的交换；损伤刺激乙烯生成从而促进呼吸；损伤刺激有关愈伤和修复的反应体系，如磷酸戊糖途径、抗氰呼吸加强等。

病虫对切花造成的为害是不同的。其中虫害包括两方面内容：一方面造成开放性伤口，这一点类似于重度机械损伤；另一方面，昆虫本身的分泌物对切花的影响，往往引起呼吸强度增加。病害又包括两种类型：一是专性寄生菌引起的为害，植物为了抵抗专性寄生菌为害，往往加大呼吸强度，合成有毒物质，在寄生菌的周围形成坏死斑，使专性寄生菌无法蔓延；二是兼性寄生菌引起的为害，切花主要通过加强呼吸来分解毒素，并达到防御侵害的目的。

二、水分平衡变化

切花采切后首先面临的问题是水分平衡破坏。由于切花是一个脱离母体的生命活体，仍然进行着各种各样的代谢活动，必须在一定的细胞水分状况下才能进行，否则将会受阻或者停滞；切花产品的观赏价值主要体现在“新鲜”上，水分张力是维持切花新鲜的主要因子，水分平衡与切花产品品质密切相关。

（一）切花水分平衡的概念

切花的水分平衡是指切花的水分吸收、运输以及蒸腾之间保持良好的状态。切花因种类和品种的不同，采收时花朵的开放程度也不同。以月季为例，按照商业标准采收后瓶插时，都要经历蕾期、初开、盛开和衰老的过程。在这期间，花枝鲜重先是逐渐增加，达到最大值之后又逐渐降低。在正常情况下，切花从瓶插至盛开期花瓣鲜重增加明显，花枝吸水速度大于失水速度，保持着较高的膨压，花枝充分伸展，花朵正常开放。但是如果水分供应不足，花朵就无法正常开放，出现僵蕾、僵花等现象。当花朵盛开后，花枝的吸水速率逐渐下降，水势降低，当失水明显大于吸水时，花朵便出现萎蔫。

离体切花与在体花枝的衰老现象有所不同。在体花朵的寿命是以花朵变色、花朵闭合、花瓣萎蔫，或者花瓣脱落等自然衰老而结束。当花枝一旦从母体采切下来，置入水中时，通常观察不到上述衰老特征，代之而来往往是水分胁迫的症状，比如花朵和叶片的未熟萎蔫。容易出现这一症状的较典型的花卉有月季、满天星、落新妇、金合欢等，而其他花卉如郁金香、小苍兰、鸢尾等并不表现类似的早期水分胁迫症状。

（二）切花水分吸收、运输和堵塞

1. 切花水分吸收和堵塞　水分吸收堵塞是切花采后常见的问题。切花茎秆堵塞有以下几种情况：

（1）茎秆基部创伤反应引起的堵塞　鲜切花采切，即切割引起的创伤反应往往激活植物防卫反应，导致木质素、木栓质以及单宁等堵塞木质部导管的物质的生成与沉积。切割引起创伤反应通常是综合的，如乙烯的生物合成、过氧化物酶和苯丙氨酸裂解酶的合成及其活性的激活、与木质素等生物合成有关酶的合成以及在细胞壁或微管空腔内的沉积等。Doorn 等（1989）基于多酚氧化酶在 pH4.0 时聚合作用为零的原理证明了月季切花切割导致的酚类物质在微管中的沉积。

（2）切面分泌乳汁和其他物质造成的堵塞　许多植物当茎秆切割时，切割表面通常分泌一些物质，如黏液、松脂、乳汁等。

这些物质的分泌是植物对切割伤害的一种保护反应。其中黏液是一种液体混合物，有许多科植物的切割表面分泌黏液，如仙人掌科、芦荟属等。松脂是由带有挥发油的萜烯的混合物组成，具有流动特性，当暴露于空气中时，其中的油性成分挥发，基质变成固体。松脂的硬化进程通常很快，有时从花枝切割到置入水中之前这一短暂的时间就已经变干，分泌松脂的代表植物有裸子植物中的南洋杉科、柏科以及被子植物中的蔷薇科、漆树科等。乳汁含有有色沉淀，造成茎秆堵塞，分泌乳汁的植物有夹竹桃科、百合科等。

（3）胶质软糖在木质部中沉积造成的堵塞　胶质软糖是由微管束射线细胞沉积而来，胶质软糖在木质部中沉积与植物的科属有关。木质部导管中发现胶质软糖的植物有锦葵科、山龙眼科、芸香科、紫菀属等。射线细胞通过介于导管和射线细胞的纹孔膜的孔口分泌胶质软糖物质。沉积在木质部导管中的胶质软糖，是由已糖和戊糖相联系的葡萄糖醛酸的多糖。已糖和戊糖分别为葡萄糖、甘露糖、阿拉伯糖、木糖、鼠李糖。一些胶质软糖含有果胶阿拉伯半乳聚糖。金合欢等豆科植物分泌胶质软糖沉积于木质部管腔，成为引起豆科植物采后萎蔫的主要原因。但是关于胶质软糖形成与萎蔫的原因还未见报道。

（4）侵填体造成的堵塞　侵填体主要存在于木兰科、木犀科、玄参科等科的切花中。低浓度的乙烯和生长素能够促进切花茎秆中侵填体的形成。不过侵填体形成对切花水分吸收的影响是有限的。

2. 切花体内水分的运输和堵塞

（1）木质部内部的堵塞　病菌或一些衰老物质在木质部导管内沉积会影响切花水分运输速率。

（2）空腔化　当花枝从母株剪切下来时，切口处会产生一个短暂的负压，空气很容易进入茎秆，形成空腔，即空腔化。此外，切花在采后流通过程中，花茎中空气的吸入与滞留也会导致茎秆空腔化。空腔化也是引起切花瓶插过程中水分运输堵塞的一个重要原因。如切花月季茎秆切割后，短时间内空气吸收速率最高；带叶的茎秆最初的空气吸收速率与叶片的蒸腾速率有关，只留最接近切割表面的叶片时，该茎秆吸收空气的量与叶片大小有关，并且只有当叶片完全脱水时，空气的吸收才能终止。

切花不同种与品种之间对空气暴露的敏感性差异很大。Doorn 等（1995）认为，气孔关闭速度、表皮蒸腾速率是敏感性差异的可能原因。

三、切花成熟和衰老进程中的生物学变化

（一）乙烯的变化

1. 切花的衰老与乙烯　乙烯是一种化学结构简单的植物激素，正常环境条件下以气体状态存在，其化学结构简式为 $CH_2=CH_2$ 。几乎所有高等植物的器官、组织和细胞都具有产生乙烯的能力，植物乙烯生成量微小，一般不超过 0.1 毫克/千克，但在某些发育阶段（如萌发、成熟、衰老等）生成量急剧增加（可达 1 000 倍以上）。对植物的生长发育起着十分重要的调节作用。

大量研究结果表明，切花的衰老与果实成熟类似，通常与乙烯的大量生成有关。Halevey（1986）提出，根据花瓣衰老过程中乙烯生成量增加的有无，把切花划分为跃变型和非跃变型。多数情况下，乙烯生成量的变化动态与呼吸强度的变化动态相吻合，并且早已证明乙烯作为植物衰老激素，启动呼吸跃变和整个衰老过程。已研究报道的跃变型切花有香石竹、满天星、金鱼草、兰花、香豌豆等，这些切花对乙烯反应极为敏感，其开花和衰老与乙烯关系密切；非跃变型切花有菊花、唐菖蒲、非洲菊、石刁柏、千日红等，这些切花对乙烯反应不敏感。后来的有些学者又根据乙烯生成量增加的量的多少，将跃变型切花划分为敏感

型和中等敏感型两类，将非跃变型又称为不敏感型。表 1－4 为各种切花对乙烯的敏感性。

表 1－4　各种切花对乙烯的敏感性

种　类	敏感性
石竹科（Caryophyllaceae）	
香石竹（*Dianthus caryophyllus*）	••••
瞿麦（*Dianthus superbus*）	••••
高雪轮（*Silene armeria*）	••••
满天星（*Gypsophila paniculata*）	••••
兰科（Orchidaceae）	
卡特兰（*Cattleya hybrida*）	••••
石斛兰（*Dendrobium*）	••••
春兰（*Cymbidium*）	••••
兜兰（*Paphiopedilum*）	••••
蝴蝶兰（*Phalaenopsis* spp.）	••••
毛茛科（Ranunculaceae）	
乌头（*Aconitum carmichaeli*）	••••
花忍科（Polemoniaceae）	
天蓝绣球（*Phlox paniculata*）	••••
豆科（Leguminosae）	
香豌豆（*Lathyrus odoratus*）	••••
玄参科（*Scrophulariaceae*）	
金鱼草（*Antirrhinum majus*）	••••
十字花科（Cruciferae）	
紫罗兰（*Matthiola incana*）	•••
桔梗科（Campanulaceae）	
风铃草（*Campanula medium*）	•••
蓝雪科（Plumbaginaceae）	

（续）

种　类	敏感性
补血草（*Limonium sinuatum*）	・・・
蔷薇科（Rosaceae）	
月季（*Rosa hybrida*）	0～・・・
榆叶梅（*Amygdalus triloba*）	・・・
石蒜科（Amaryllidaceae）	
水仙（*Narcissus* L.）	・・・
六出花（*Alstroemeria aurantiaca*）	0～・・・
百合科（Liliaceae）	
文竹（*Asparagus plumosus*）	・
百合（*Lilium* spp.）	・・～・・・・
郁金香（*Tulipa gesneriana*）	・～・・・・
夏风信子（*Galtonia Decne.*）	・・・
嘉兰（*Gloriosa* L.）	・
鸢尾科（Iridaceae）	
小苍兰（*Freesia refracta*）	・・
唐菖蒲（*Gladiolus hybridus*）	・・
苋科（Amaranthaceae）	
千日红（*Gomphrena globosa*）	・
菊科（Compositae）	
非洲菊（*Gerbera jamesonii*）	・
菊花（*Dendranthema morifolium*）	0～・

注：0 型切花乙烯处理和对照（0 毫克/升）之间没有差异；・型切花乙烯气体处理产生不明显的伤害，瓶插寿命比对照缩短 10%；・・型切花乙烯气体处理产生伤害，瓶插寿命比对照缩短 20%～50%；・・・或・・・・型切花乙烯气体处理对花材伤害明显。

2. 切花乙烯跃变类型的划分　乙烯跃变型切花：切花在开

花和衰老进程中乙烯生成量有突然升高的现象，切花的开花和衰老能够由超过阈值的微量乙烯的处理而启动。诱导切花开花和衰老的阈值因切花的种类等略有差异，大多为 0.1～0.3 毫克/升。在跃变前期除去切花环境中微量乙烯则能够延缓切花的开花和衰老进程。代表种类为香石竹。

非乙烯跃变型切花：切花开花和衰老进程与乙烯没有直接的关联，在健全状态下切花开花衰老进程中并不生成具有生理意义的乙烯。但在遭到各种胁迫时，也会产生乙烯，并进而对切花的开花和衰老产生影响。代表种类如菊花。

乙烯末期上升型切花：末期上升型的切花乙烯生成量随着开花和衰老的进程逐渐升高。代表种如月季品种‘黄金时代’。

3. 乙烯生物合成

(1) 合成途径　植物组织中乙烯的生物合成是在严密的代谢控制下进行的，并由诱导因子（如萌发、衰老等）所启动。高等植物乙烯生物合成途径如下：

蛋氨酸（Met）⟶硫腺苷蛋氨酸（SAM）$\xrightarrow{\text{ACC 合成酶}}$氨基环丙烷基羧酸（ACC）$\xrightarrow[O_2]{\text{ACC 氧化酶}}$乙烯（ETH）

(2) 乙烯生物合成的主要酶类　在乙烯生物合成途径中，有两个重要的酶，一个是催化 SAM→ACC 反应的 ACC 合成酶；另一个是催化 ACC→ETH 反应的 ACC 氧化酶，最初时称为乙烯形成酶。

①ACC 合成酶（ACC synthase，ACS）。该酶存在于细胞质中，为可溶性酶，该酶的米氏常数 K_m（即酶促反应速度达最大速度一半时反应底物的浓度）值为 13 微摩尔/升，最适 pH 为 8.5；专一地催化 SAM 向 ACC 转化，以磷酸吡哆醛为辅酶，在乙烯合成过程中起关键作用，是乙烯生物合成的限速酶。该酶稳定性差，具有诱导特性，果实成熟、花瓣衰老、各种胁迫等都会诱导 ACC 合成酶迅速地重新合成；该酶属于多基因家族，乙烯

生成条件不同，生成的 ACC 合成酶也不同。到目前为止，已经鉴定的同功酶有三种：成熟和衰老诱导型、伤害诱导型和生长素诱导型，并且编码它们的基因序列已经明确。

②ACC 氧化酶（ACC oxidase，ACO）。是乙烯生物合成途径中的最后一个酶，催化 ACC 向乙烯的转化。ACO 对底物具有高度的立体专一性。该酶为可溶性酶，酶的米氏常数（Km）为 60 微摩尔/升（指 ACC 的浓度），最适 pH 为 7.5。该酶需要 Fe^{2+}、O_2、CO_2、抗坏血酸为辅助因子，也属于多基因家族，无组织特异性，具有诱导特性，被各种乙烯生成条件以及 ABA 等诱导。

4. 切花乙烯生物合成的调节

①成熟和衰老对乙烯生成的调节。未成熟的跃变型花卉乙烯生成能力很低，进入成熟期乙烯生成量猛增，衰老时又下降。

成熟和衰老对乙烯生成调节的机制是，在成熟之前，ACC 合成酶被抑制，致使 SAM→ACC 的转化被抑制，若加入外源 ACC，则乙烯生物合成会迅速增加。

②胁迫因素对乙烯生成的调节。胁迫因素包括物理因素，如机械损伤、高温、冷害、冻害、干旱、水涝、辐射等；化学因素，如重金属离子、CO_2、臭氧等；生物因素，如病原菌、昆虫的侵入等。当切花遭到胁迫后，即使通常只生成微量乙烯的花卉，也能诱导产生大量乙烯，进而促进衰老进程。

③二氧化碳（CO_2）、光和氧气（O_2）对乙烯生成的调节

a. 二氧化碳（CO_2）。抑制乙烯生成和作用。因为 CO_2 的双键类似于乙烯，因此 CO_2 的存在相当于产物乙烯浓度增加，抑制 ACC 向乙烯的转化；其次是 CO_2 和乙烯共同竞争受体，抑制乙烯发挥作用。

b. 光。也是抑制乙烯。通过影响 CO_2 的供应而起作用，光下叶片的气孔张开，外源 CO_2 供应充分。通过给黑暗中的叶片供给充足的 CO_2 时，叶片乙烯生成量比光下明显减少，而不供

给外源 CO_2 的叶片乙烯的生成明显多于光下的实验证明。

c. 氧气（O_2）。乙烯生物合成的最后一步 ACC 向乙烯的转变是一个氧化过程，因此低浓度的氧直接抑制乙烯的生物合成。同时，低浓度的氧也通过抑制呼吸间接影响呼吸。

④乙烯生物合成的自我调节。乙烯对切花乙烯生成的调节，包括乙烯的自我催化和乙烯的自我抑制。前者又称为正反馈调节，指乙烯对乙烯生物合成的诱导，是跃变型切花衰老和跃变型果实成熟的重要特征。如用乙烯激活类似物丙烯处理香石竹，增加了乙烯生成量。乙烯处理香石竹花瓣增加了乙烯生成量和 ACC 含量的积累。用乙烯处理香石竹，发现 ACC 合成酶活性增加了 90～100 倍。用乙烯处理未衰老香石竹花瓣，6 小时后测得 ACC 合成酶和 ACC 氧化酶基因的转录。香石竹花瓣经乙烯处理后，乙烯生成能力增强，处理 1 小时后测得 ACC 氧化酶活性增加，约 5 小时后乙烯生成量开始增加，ACC 合成酶活性提高，这都依赖于外源乙烯的存在，用 α-鹅膏菌素和环己酰亚胺预先处理的花瓣该酶活性会受到部分抑制，由此可以推测香石竹对外源乙烯的反应首先表现为酶活性的提高，其次是与此相关的 mRNA 的增加。利用这一原理，人为地用乙烯处理香石竹、满天星等跃变型切花，促使花朵整齐一致开放。Veen 等（1982）用乙烯抑制剂 STS 处理香石竹，抑制了正处在跃变期的乙烯的跃变上升和 ACC 的蓄积，因此对于自我催化的乙烯生成来说，处于跃变期时乙烯的持续存在是必需的。在自然衰老进程中，乙烯生成跃变上升是花卉自身产生积累的乙烯自我催化起作用的结果。

关于乙烯自我催化的机制，一般认为乙烯处理可诱导 ACC 合成酶和 ACC 氧化酶的活性，从而生成大量的乙烯。

乙烯的自我抑制又称为负反馈调节，是指由乙烯作用抑制剂或乙烯感受突变体使乙烯生物合成解偶联，并且乙烯处理反而抑制乙烯的生成。用降冰片二烯（NBD）处理促进柑橘叶片外植体和深水稻节间的乙烯生成；硫代硫酸银（STS）、硝酸银以及乙烯作用拮抗剂也促进绿色番茄果实组织、拟南芥的乙烯生成。

一般认为乙烯的自我抑制是因为乙烯抑制ACC合成和促进ACC生成丙二酰基ACC（MACC），从而导致ACC供给不足。

（二）碳水化合物和其他大分子物质的变化

衰老花瓣中一个明显的变化是大分子物质的降解，如淀粉、蛋白质、核酸的水解以及碳水化合物向花的其他部位的重新分配。已经明确，花瓣中碳水化合物的含量是最终决定花瓣寿命的因素之一，碳水化合物的变化主要由呼吸、水解、水解产物重新分配这三个因素影响，不含淀粉或含淀粉少的花瓣随衰老碳水化合物含量减少，花瓣寿命不长，很快衰败。实际应用中，切花的瓶插寿命往往可通过在瓶插液中添加碳水化合物而延长。

（三）生物膜的变化

细胞表面及内部的膜统称为生物膜，生物体的许多重要生命活动都是在生物膜上进行的，因此生物膜与衰老的关系极为密切。

1. 膜组成的变化　生物膜主要由脂类、蛋白质组成，其他的还包括有少量的糖、核酸和水，关键成分是磷脂和糖脂。

在花瓣衰老的过程中，组成膜的磷脂和脂肪酸的含量是呈现出持续的、逐渐的降低趋势，而且是发生在任何可见到的衰老信号之前。伴随着花瓣的衰老而发生的磷脂和脂肪酸含量的降低是生物合成减少和降解增加的结果。

2. 膜物理特性的变化　由于花瓣衰老过程中磷脂含量减少，则磷脂与其他膜组分的相对含量也会发生改变，尤其是它们的变化不同的时候。

膜组分的变化进一步影响到膜的物理特性，主要是膜的流动性和膜的相变温度（T_c）。膜流动性，指处于液晶态的磷脂在膜内移动的难易程度。膜相变温度，指膜从液晶态向胶体态转变的

最低温度。在花瓣衰老过程中，二者的变化趋势是：膜流动性呈降低趋势，在衰老早期速度转慢，趋向萎蔫时，降低的速度加快，但总是先于任何可见的衰老征兆之前；膜相变温度升高，使膜固化，致使许多与膜结合的酶解离失活。

3. 膜蛋白的变化　在花瓣衰老过程中，除磷脂和脂肪酸的变化影响膜流动性外，膜蛋白的变化也是一个重要因素。膜蛋白含量随衰老进程而减少，由于膜蛋白含量的降低与磷脂的降低相平行，因而蛋白质与磷脂的比率在衰老过程中变化较小。与膜脂变化对膜流动性降低的影响相比，膜蛋白的变化则呈现出对膜流动性的维持。膜蛋白变化对衰老花瓣中膜相变温度（T_c）的影响较小。

4. 膜透性变化　在花瓣衰老过程中，由于膜相变温度（T_c）的升高，细胞膜在常温下固化，使膜酶解离失活及增加了乙烯与受体的接触；随着膜流动性的降低，致使 ATPase 活性降低，由于原生质 ATPase 活性的降低，导致细胞对溶质和水分的吸收减少，细胞溶质含量减少致使渗透势下降，进而细胞膨压降低，细胞内溶物（即细胞内蔗糖、氨基酸、色素、K^+ 等）向膜外渗出，细胞膜透性增加。

Brown 等（1986）发现，伴随衰老，束缚乙烯的场所的数量减少达 90%以上，萎蔫后几乎达到 100%。

5. 生物膜与切花衰老　生物膜是保护原生质的一个很好的屏障。植物细胞在无细胞壁的状态下能够生存，但在无生物膜的状态下却无法生存。生物膜的生理状态可以依靠膜的相变温度进行判断，在相变温度高时呈凝胶状态，在相变温度低时呈液晶相状态。功能细胞的膜相主要为液晶相。

在花瓣衰老过程中，膜磷脂由于水解的促进及生物合成的降低导致磷脂含量的净减少，同时导致膜流动性降低以及膜束缚酶的活性降低，从而细胞吸收溶质的能力减弱；由于相变温度的升高，使膜脂在正常的生物体温下固化收缩，致使膜透性增加，从而细胞内容物外渗，最终导致细胞死亡，花瓣萎蔫。因此膜物理的、结构的、功能的变化是衰老征兆出现的最直接的原因。

（四）其他植物激素与花瓣衰老

虽然乙烯对花瓣衰老起着主要的影响，但其他几种植物激素也都包含在花瓣衰老的调节之中。

1. 细胞分裂素（CTK） CTK 通常被认为是衰老延缓激素，尤其在叶中表现明显。在花瓣衰老进程中，内源 CTK 水平降低。Mor 等（1983）报道，分离的香石竹花瓣用 BA 处理，能抑制外源 ACC 向乙烯的转变；在 ACC 蓄积的情况下，BA 处理抑制乙烯增加。以上结果表明，在香石竹花瓣中，BA 处理抑制 ACC 合成酶和 ACC 氧化酶。但当香石竹花瓣处于跃变期时，BA 处理并不抑制乙烯的合成，因此 CTK 类是通过抑制酶的合成而不是酶的活性而起作用的。

2. 脱落酸（ABA） 与 CTK 的作用相反，ABA 一般来说促进花瓣衰老和乙烯跃变。用 ABA 处理后，花瓣对外源乙烯更敏感。在月季和香石竹花瓣衰老进程中观察到内源 ABA 含量增加，并且这种增加能够被 STS 处理所抑制。

Mayak 等认为，ABA 对衰老的影响是通过对乙烯的直接影响而间接起作用的。

3. 生长素（IAA） 具有延迟和促进花瓣衰老的双重作用。IAA 对花瓣衰老的影响机制还不太清楚，既可以延迟一品红的衰老和落花，又可以促进香石竹乙烯释放，加快其衰老。就香石竹而言，IAA 对其花瓣衰老的影响因其浓度不同而异，低浓度 2,4-D（4～20 毫克）促进香石竹乙烯生成，加快衰老进程；高浓度 2,4-D（500 毫克）并不促进香石竹乙烯生成，相反有延缓衰老效果。IAA 促进乙烯生成原因已经明确，是诱导 ACC 合成酶的生物合成；但抑制乙烯生成机制尚不明确。

4. 赤霉素（GA） GA 对一些切花的叶片具有显著的抑制叶黄、提高切花质量、延长切花瓶插寿命的效果，如百合、六出

花、菊花、彩色马蹄莲、孤挺花，其作用远远好于细胞分裂素BA的效果；但对一些切花没有任何作用，如玉簪、石蒜。Janowska（2003），Skutnik（2001）的实验表明，GA抑制叶黄的作用主要是通过抑制叶绿体降解，GA是否与其他激素作用调控植物衰老有待于进一步研究。

第二章

切花产品质量及质量标准

第一节 切花产品质量

一、切花产品质量的概念

质量一词有多种含义，如市场质量、营养质量、内在质量、外观质量等。而鲜切花的产品质量这一定义，实质是指能给人带来享受感的一种具有商品价值的性质、特征和属性的综合体。有时也被称为品质。

此外在将鲜切花作为一种商业产品的流通过程中，在不同的流通环节对其品质的要求又各有侧重。例如：生产者需要的切花品种应该具备高产、抗病、容易采收以及耐运输等特性；同时，作为一种商品，又要求其产品有吸引力的外观和尽可能少的缺陷。对集货商和批发商而言，外观质量无疑是最重要的。消费者往往要求鲜切花外观好或是气味芬芳以及尽可能长的瓶插寿命。虽然消费者在购买商品时主要是基于外观，但是，促使他们再次购买的动力则主要依赖于鲜切花好的瓶插质量及较长的观赏期。

二、影响切花的产品质量因素

（一）质量因子划分

高俊平（2002）将鲜切花的各类质量因素作了如下划分，大致可分为基本因素和社会因素两大类。其中基本因素又包括外观因子和内在因子。

1. 基本因素

（1）外观因子　外观因子是生产者最为重视的因子。这类因子有些可以通过非破坏性手段来计测并数值化，如花茎长度、色彩、病虫害、冷害、机械损伤、落花落蕾、花朵开放程度等；但也有些因子难以数值化，会因不同观测者的判断产生较大的出入，如茎叶新鲜度、应时性、整体平衡等。

（2）内在因子　这类因子主要与切花消费者的要求相关。包括可测因子和难于计测并数值化的因子。前者如瓶插寿命、耐贮性、耐运性等；后者如用途的适合性、对环境的适应性等。

2. 社会因素　社会因素也被称作消费需求，它主要与不同的文化需求有关，是最难计测的因子。不同的国家、地域、文化的消费者都有其各自特有的需求和偏好。但作为商品，它又是重要的因子之一，因为它决定了消费者的需求种类。社会要素一变动，就会波及人们对花卉外观品质中的“美”和内在品质中的“用途适应性”的评价标准的变化。例如，从总体上看，西方国家一般喜欢颜色艳丽、雍容华贵的切花，而东方国家则相对偏好清新典雅的花卉品种。

（二）切花产品质量因素简述

鲜切花（包括切叶、切枝）是从活体植株上剪切下来专供插花和花艺设计之用的枝、叶、花、果的统称。由于花卉的种类极其繁多，加之品种形状各异，所以与其他农业产品相比其产品质量因素要复杂得多。主要包括以下几方面：

1. 植株的整体平衡　植株的整体平衡是鲜切花的整体感观，也是引起消费者购买欲望的第一印象。是指花朵（或花序）、叶片和茎秆之间的相互协调、平衡，包括是否完整、均匀及新鲜程度。

2. 花序排列与花朵形状和颜色　花序排列是指多花型切花花序的排列方向、小花之间的分布和距离等内容。花朵形状和颜色简称花形和花色。其中，花形包括花型特征和花朵形状两层含义。如有球状形、莲座形、芍药形、盘状形、托桂形等。

3. 花枝形状和长度　花枝形状和长度指花枝上的整体布局、花茎的粗度、长度以及挺直程度等。这些指标直接影响到鲜切花的观赏性和用途。

4. 叶片排列、形状和色泽　指叶片在花枝上的排列角度、距离，叶片的形态特征，叶片的颜色和深浅以及叶片的光泽等。

5. 病虫害状况　病虫害状况包括检疫性病虫的存在与否，普通病虫的存在数量、为害状况及痕迹的有无和程度等内容。

6. 机械损伤和药物伤害　机械损伤是指由于粗放操作或由于贮运中的挤压、振动等造成的伤害。药害是指由于施用药物对花朵、叶片和茎秆造成的污染或伤害。

7. 采收标准　采收标准指观赏植物在采收时的生长和发育状况，直接影响流通质量和流通期限以及售后服务质量。

8. 采后处理　采后处理包括采收后的花材整理、捆扎、包装、标志等内容。

三、切花产品质量的影响因子

许多鲜切花采前的和采后的因子都直接或间接地影响观赏植物的质量。

1. 遗传因子　这是最重要和直接的影响因子，它对鲜切花的品质起到了直接性的决定作用，包括品种选择、砧木选择等。

2. 采前环境因子　采前环境因子又可细分为栽培大环境和微环境两类。其中，大环境是指生产地域的气象因子条件，如：温度、光照、气流交换、降水等；微环境则是指栽培具体条件。

商品化生产为目的的花卉植物，大多在一定的设施条件下进行设施栽培，所以设施微环境将直接影响到花卉的质量。但不论是露地栽培还是设施栽培，施肥、灌水等栽培管理措施都直接或间接地影响到花卉质量。若能对各种鲜切花品种的生长习性和对

环境条件的最佳需求进行充分研究，确定最佳的栽培条件组合，则能够取得最大经济效益。

3. 采收　采收成熟度，即采收标准的掌握是非常重要的、直接的影响因子。鲜切花应在适宜的发育阶段采收，以保证鲜切花内在质量和货架寿命。各种鲜切花必须根据种类、品种、生长季节、生长环境、流通距离和时间等确定相应的采收适宜阶段。

采收时间关系到植株营养成分的积累和对机械损伤的耐性。一般来说，以日落前采收为好，经过一天的光合作用，这时的植株养分积累相对充足；并且经过日光照射植物水势相对较低，在采收等操作过程中不易遭受机械损伤。同时，采收工具也需仔细选择，必须保证所采收部分的产品质量，但对整个植株生长影响尽可能小。

4. 采后处理　采收后，花材的整理、捆扎、包装、标志等内容，每一个环节都直接或间接地影响到产品的质量，尤其是保鲜剂的使用是极其重要的。

采后保鲜处理措施实际贯穿于采收、分级包装、贮藏运输、批发、零售和消费的各个环节中。花茎采收后应立即插入水中或保鲜液中，并置于阴湿环境下，尽快预冷，去除所带田间热，并进入冷链。需要长期贮藏或长途运输的鲜切花，应先进行水合处理，为防止储运过程中失水过多和受乙烯伤害，对乙烯敏感的鲜切花应进行硫代硫酸银（STS）脉冲处理或1-甲基环丙烯（1-MCP）处理，花茎入液处理深度5～7厘米。

同时，不同花卉产品有不同的包装及标识，必须按照有效的产品包装标准进行包装，包装好的成品必须符合有关国家标准、行业标准的规定，进行有效的标识。如将长短不同的切花捆扎到一起，会直接降低产品质量。

经长途运输或长期贮藏后的鲜切花到达目的地后，应立即打开包装重新整理。即去除花茎下部叶片，外围花瓣如有伤害，应仔细剔除，花茎末端斜面剪去2～3厘米以促进吸水，整理后按不同品种和不同来源分等级放入水中或保鲜液中。

5. 各因子间的相互作用　各种影响因子对鲜切花质量的影响绝不是孤立的，而是相互影响和作用的。需要对其进行综合考量才能找到最佳的配套组合。

第二节　切花产品质量评估

一、切花产品质量评估方法（等级划分）

各种切花都有各自的采收标准和质量等级标准，这些标准可引导生产者提高种植水平，生产出高质量的切花。销售者根据标准合理确定收购和批发及零售价格。为此，切花分级标准的制订是一项重要的工作，可以保证花卉市场切花材料统一性和经营的有序性，合理地保护生产者获取公平合理的产品价格。尤其在国际贸易中，商品切花的标准尤为重要，如果忽视这一程序，在花卉出口时会遇到很多麻烦。

为了提高花卉质量，世界各国均是从制订和实施花卉质量标准做起。但因为鲜切花不同于其他农业产品，其价值在于观赏性，主要依靠视觉来判断，而外观的好坏不仅受内在因子的影响，还受消费者需要的社会因子的影响。影响因子不仅多，而且错综复杂，大多数影响因子都很难数值化。迄今为止，还没有一个能让生产、流通、消费等各个方面都认可的品质评价方法。

所以目前切花的分级主要根据品质等级和切花枝长来进行，没有国际统一的评价标准，普遍采用的品质评价方法多是根据外观要素来打分。分级应具有相当的客观性和公正性，并由相应资质的专家对产品质量进行统一评估。

1. 评估方法划分　根据对切花有无破坏性划分为破坏性评估方法和非破坏性评估方法两大类。也可以根据主观与客观程度划分为：客观评估方法（基于仪器读数）和主观评估方法（基于

人的判断、感官标准)。

2. 评估方法　切花分级的项目包括花朵、花茎、叶片、采收期、装箱容量等指标，首先进行收样检测，然后再根据检测的结果划分等级。具体操作如下：

首先进行挑拣，清除夹杂其中的脏物、废弃物、腐烂、病虫害和畸形的切花之后，根据分级标准和购买者的要求，进行分级。

(1) 检验规则

①同一产地、同一批量、同一品种、相同等级的产品作为一检测批次。

②按一个检测批次随机抽样，所检样品量为一个包装单位(如箱)。

③单枝花的等级判定。按照相关分级标准内容，完全符合某级所有条件，才能说明达到该级标准。

④整个批次的等级判定(以中华人民共和国农业行业标准NY/T 323—1997 菊花切花为例)。一级花，必须是所检样品的95%以上符合该标准；二级花，必须是所检样品的90%以上符合该标准；三级花，必须是所检样品的85%以上符合该标准；四级花，必须是所检样品的80%以上符合该标准。

(2) 检验方法

①切花品种。根据品种特征图谱进行鉴定，以目测品种特性评价。

②整体感。根据花朵、花茎、叶、姿态、香味以及花茎叶的整体平衡、新鲜度和成熟度进行感观目测评价。

③花形。根据品种特征和分级标准进行。

④花色。对照色谱标准目测评定，从光泽、纯正度为准进行评价。

⑤花茎。包括长度和挺直程度。花枝长度自剪口到花朵顶部，以厘米为单位用卡尺进行测量，挺直程度目测评定。

⑥叶片。从叶片的完整性、色泽、清洁度进行目测评定。

⑦病虫害。目测评定。

⑧药害。目测评定。

⑨冷害。通过花瓣和叶片的颜色来判断，也可通过瓶插观察花朵其能否正常开放来确定。

⑩机械损伤。目测评定。

⑪保鲜剂。通过化学方法检测保鲜剂的主要成分来确定。

二、各国质量标准简介

1. 欧洲经济委员会标准（ECE）　欧洲经济委员会建立一套有关切花质量的地域标准。欧洲经济委员会位于瑞士日内瓦，1982年颁布了有关花卉类的等级标准，之后又增加了一些附加标准及详细规定。这些标准控制着欧洲国家之间及进入欧洲贸易的花卉产品的质量，关系到欧洲国家之间及进入欧洲的贸易切花上市和商品质量控制。

除了一些特殊植物外，ECE的总标准适宜用于以花束、插花或其他以装饰为目的的所有鲜切花和花蕾，这个总标准叙述了切花的质量、分级、大小、耐受性、外观、上市和标签（表2-1、表2-2）。

表2-1　切花花茎长度要求的ECE标准

代码	包括花头在内的切花花茎长度（厘米）	
0	小于5或标记为无茎	
5	5～10	+2.5
10	10～15	+2.5
15	15～20	+2.5
20	20～30	+5.0
30	30～40	+5.0

（续）

代码	包括花头在内的切花花茎长度（厘米）	
40	40～50	＋5.0
50	50～60	＋5.0
60	60～80	＋10.0
80	80～100	＋10.0
100	100～120	＋10.0
120	大于 120	

表 2-2　切花外观的 ECE 分级标准

等级	要　求
特级	切花具有最佳品质，无外来物质干扰、发育正常、花茎粗壮而坚挺，具备该品种的优良特性，允许切花有 3％的轻微缺陷
一级	切花具有良好品质，花茎坚硬，其余要求同上，允许切花有 5％轻微缺陷
二级	切花品质仅次于上述，但可用于装饰，允许切花有 10％的轻微缺陷

该标准将切花划分为三个等级：特级、一级和二级。特级切花必须具有最好的品质，具有该种或品种的所有特性，没有任何影响外观的掺杂或病虫害。只允许 3％的特级花、5％的一级花和 10％的二级花具有轻微的缺陷。花卉拍卖行展出的花卉样品必须是整批材料的代表。为了易于识别，花卉产品的标签和发货清单必须写清必要的信息，如生产者、包装场地和贸易企业的名称、花卉种类、品种或花色等。此外，每个销售单位（束、串、箱等）只能包含处于同一花蕾发育阶段的同一种或品种，商品花卉应在种或品种的适宜发育阶段采切，切花必须是完好无损、新鲜、无病虫害的。必须保证切花的发育阶段和质量使之安全到达目的地而不变质。

2. 美国花商协会标准　美国花商协会仅对几种切花制定出推荐性的分级标准，是否遵从这些标准完全是自愿的。此标准的内容大体以 ECE 标准为基础，分级名称不同于 ECE 标准，采用蓝、红、绿、黄标记，大体上相当于 ECE 的特级、一级和二级。

其标准还包含决定切花质量的重要判断标准：如茎的挺拔度、花的缺陷、花瓣与叶片的色泽和特定种的其他特性。除此之外，对主要切花还制定了一些补充规定（表 2-3）。

表 2-3　美国使用的主要切花的分级标准

切　花	级　别		分级内容	
香石竹			最小花直径（厘米）	最小花茎全长（厘米）
	蓝（特选）	紧实	5.0	55
		较紧实	6.2	55
		开放	7.5	55
	红（标准）	较紧实	4.4	43
		开放	5.6	43
	绿（短茎）	紧实	无要求	30
		较紧实	无要求	30
菊花			最小花直径（厘米）	最小花茎全长（厘米）
	蓝		14.0	76
	红		12.1	76
	绿		10.2	61
唐菖蒲			花穗长度（厘米）	最少花朵数
	蓝（特选）		107	16
	红（特别）		96～107	14
	绿（标准）		81～96	12
	黄（经济）		81 以下	10
月季			最小花茎全长（厘米） 杂交清水月季	最小花茎全长（厘米） 甜心月季
	蓝		56	36
	红		36	25
	绿		25	15

（续）

切 花	级 别	分级内容			
		最低(克)*	最高(克)*	每茎开放最小花数	最小花径长度
金鱼草	蓝（特选）	71	113	15	91
	红（特别）	43	70	12	76
	绿（特级）	29	42	9	61
	黄（一级）	14	28	6	46

*：每花穗重量。

在美国，除了SAF标准外，还有C. A. Conover1986年提出的新的切花质量分级标准，该标准不论花的大小，完全根据质量打分，质量最高的切花可以得到最高分100分，质量较差的切花得到的分数相对就少（表2-4）。

表2-4 C. A. Conover测定切花质量计分系统

项目	要 求
切花状况（最高分25）	花朵和花茎均未受机械损伤或害虫、螨类和病害的侵染（最高分10） 状态新鲜，材料质地佳，无衰老的征兆（最高分15）
切花外形（最高分30）	形状符合种或品种特性（最高分10） 外观不太紧也不太开放（最高分5） 叶丛一致（最高分5） 花的大小与茎的长度和直径之间相称（最高分10）
花的色泽（最高分25）	澄清、纯净度（最高分10） 一致性、符合品种特性（最高分5） 未褪色（最高分5） 无喷撒残留物（最高分5）
茎和叶丛（最高分20）	茎强壮、直立（最高分10） 叶色适宜、无失绿或坏死（最高分5） 无喷撒残留物（最高分5）

美国佐治亚州大学教授A. M. Armitage总结ECE、SAF和C. A. Conover的分类特点，于1993年提出一个新的切花总分级

方案，其内容如下：

一级：所有的花朵、茎和叶丛必须新鲜，无机械损伤和病虫害，花茎垂直和强壮，足以承担花头重量不弯曲，切花上没有化学残留物，不畸形。

二级：所有的花朵、茎和叶丛近于新鲜，受轻微机械损伤或病虫害的花朵，茎和叶丛数量不超过10%，所有植物材料必须基本上无化学残留物，具有足够的观赏价值。

三级：花朵仅次于二级的标准。以上三个级别的花茎长度和成熟度整齐一致，同一级花茎长度差别不超过最短的10%。

3. 日本“切花全国标准上市规格的设定” 日本切花质量标准也分为三级，分别称为秀、优、良。日本林水产省农蚕园艺局于1991年、1992年、1994年分别颁布了月季、百合、香石竹、菊花、郁金香、唐菖蒲等13种切花的质量标准，即“切花全国标准上市规格的设定”。以月季为例介绍如下（表2-5、表2-6）：

表2-5 日本使用的月季切花分级标准

评价项目	等级		
	秀	优	良
花、茎、叶的整体平衡	整体平衡极好	整体平衡极好	整体平衡好
花形、花色	具有本品种特征，花形、花色极好	具有本品种特征，花形、花色很好	具有本品种特征，花形、花色好次于优级
茎秆弯曲	粗壮、没有弯茎	粗壮、没有弯茎	有轻微的弯曲
病虫害	无病虫为害	几乎无病虫为害	有轻度的病虫害
损伤等	没有日灼伤、药害及擦伤	没有日灼伤、药害及擦伤	有轻度的日灼伤、药害及擦伤
采收标准	适期采收	适期采收	适期采收

注：资料来自日本花卉协会，1994。

表 2-6　日本使用的月季切花分级标准中的等级划分

等级（厘米）	花枝长度（厘米）	
70 以上	70 以上	
60 以上	60 以上	70 以下
50 以上	50 以上	60 以下
40 以上	40 以上	50 以下
40 以下	40 以下	

注：资料来自日本花卉协会，1994。

4. 荷兰花卉产品质量标准　荷兰花卉产品质量标准是由花卉中介机构根据农产品质量法分别制定，由荷兰植物保护局、植物检验总局和国家新品种鉴定中心等机构执行。

因为荷兰是世界花卉生产贸易中心，一些大的花卉拍卖市场的交易是利用航空进行大规模的远距离运输。所以对花卉除了等级划分外，还进行了观赏期、运输特性等在内的品质要素的研究和实验，是当今世界上花卉质量标准评价最为彻底的国家。生产者将花卉带到批发市场后，由专门的检验员进行严格的检查。除检查病虫害外，还检查保鲜剂的使用情况。此外，在荷兰保鲜剂的使用有明确的规定，有些是必须使用的，如香石竹切花；有些还是希望使用的。此外，观赏期也是一个重要的指标。

5. 中国花卉产品质量标准　经过 20 多年的发展，我国花卉产业已经具有相当大的规模。据统计 2006 年花卉种植面积达 72.21 万公顷，其中鲜切花类的种植面积为 4.16 万公顷，销售量达 125.68 亿枝，销售额达 60.53 亿元，出口额高达 3.44 亿美元。中国已成为继荷兰、以色列、肯尼亚、哥伦比亚、厄瓜多尔等之后的世界切花生产大国。随着花卉产业进一步专业化、基地化发展趋势，花卉产品的国际大流通已成为必然趋势，花卉产品质量的提高和流通体制的完善将成为整个产业发展的核心工作，其中提高质量更显得重要。所以，实行花卉质量检测提高花卉质量的前提，就必须配套建设相应的花卉产品质量检测网络，配备检测设备，加快建立健全花卉产品质量标准体系和质量监督检测检验体系。

（1）国家标准　国家质量技术监督局2000年11月16日发布了包括13种主要切花分级的国家标准，13种切花分别为月季、菊花、香石竹、唐菖蒲、非洲菊、亚洲型百合、麝香百合、满天星、马蹄莲、鹤望兰、红掌、肾蕨、银芽柳。表2-7以月季切花为例进行介绍。

表2-7　月季切花质量等级划分标准

评价项目	等级		
	一级	二级	三级
花	花色纯正、鲜艳具光泽，无变色、焦边；花形完整，花朵饱满，外层花瓣整齐，无损伤	花色纯鲜艳，无变色、焦边；花形完整，花朵饱满，外层花瓣较整齐，无损伤	花色良好，略有变色、焦边；花形完整，外层花瓣略有损伤
花茎	质地强健，挺直、有韧性、粗细均匀，无弯茎 长度： 大花品种≥80厘米 中花品种≥55厘米 小花品种≥40厘米	质地较强健，挺直，粗细较均匀，无弯茎 长度： 大花品种65～79厘米 中花品种45～54厘米 小花品种35～39厘米	质地较强健，略有弯曲，粗细不均，无弯茎 长度： 大花品种50～64厘米 中花品种35～44厘米 小花品种25～34厘米
叶	叶片大小均匀，分布均匀；叶色鲜绿有光泽，无褪绿；叶面清洁、平展	叶片大小均匀，分布均匀；叶色鲜绿，无褪绿；叶面清洁、平展	叶片大小较均匀；叶色略有褪色；叶面略有污物
采收时期	花蕾有1～2片萼片向外反卷至水平时		
装箱容量	每20枝捆为一扎，每扎中切花最长与最短的差别不超过1厘米	每20枝捆为一扎，每扎中切花最长与最短的差别不超过3厘米	每20枝捆为一扎，每扎中切花最长与最短的差别不超过5厘米
形态特征	灌木，枝具皮刺；叶互生，奇数羽状复叶（小叶5～7枚）；花单生新梢顶部；花瓣多数，花色繁多，主要白、黄、粉、红、橘红等色；花型、花色丰富多彩		

注：引自中华人民共和国国标　鲜切花（2000）。

表 2-8　月季切花产品质量标准

评价项目	等级			
	一级	二级	三级	四级
整体感	整体感强，新鲜程度极好	整体感强，新鲜程度好	整体感强，新鲜程度好	整体感强，新鲜程度一般
花型	完整优美，花朵饱满，外层花瓣整齐，无损伤	花形完整，花朵饱满，外层花瓣整齐，无损伤	花形完整，花朵饱满，有轻微损伤	花瓣有轻微损伤
花色	花色鲜艳，无焦边，无变色	花色好，无褪色、无失水、无焦边	花色良好、不失水，略有焦边	花色良好，略有褪色、焦边
花枝	①枝条均匀、挺直；②花茎长度65厘米以上，无弯茎；③重量40克以上	①枝条均匀、挺直；②花茎长度55厘米以上，无弯茎；③重量30克以上	①枝条挺直；②花茎长度50厘米以上，无弯茎；③重量25克以上	①枝条稍有弯曲；②花茎长度40厘米以上；③重量20克以上
叶	①叶片大小均匀，分布均匀；②叶色鲜绿有光泽，无褪绿叶片；③叶面清洁，平整	①叶片大小均匀、分布均匀；②叶色鲜绿，无褪绿叶片；③页面较清洁，平整	①叶片分布较均匀；②无褪绿叶片；③叶面较清洁，稍有污点	①叶片分布较均匀；②叶色有轻微褪色；③叶面有少量残留物
病虫害	无购入国家或地区检疫的病虫害	无购入国家或地区检疫的病虫害，无明显病虫害斑点	无购入国家或地区检疫的病虫害，有轻微病虫害斑点	无购入国家或地区检疫的病虫害，有轻微病虫害斑点
损伤	无药害、冷害机械损伤等	基本无药害、冷害、机械损伤	有轻度药害、冷害、机械损伤等	有轻度药害、冷害、机械损伤等
采切标准	适用开花指数1～3	适用开花指数1～3	适用开花指数2～4	适用开花指数3～4

（续）

评价项目	等级			
	一级	二级	三级	四级
采后处理	①保鲜剂处理；②依品种12枝捆绑成扎，每扎中花枝长度与最短差别不可超过3厘米；③切口以上15厘米去叶、去刺	①保鲜剂处理；②依品种20枝捆绑成扎，每扎中花枝长度与最短差别不可超过3厘米；③切口以上15厘米去叶、去刺	①依品种20枝捆绑成扎，每扎中花枝长度与最短差别不可超过5厘米；②切口以上15厘米去叶、去刺	①依品种30枝捆绑成扎，每扎中花枝长度与最短差别不可超过10厘米；②切口以上15厘米去叶、去刺
开花指数1：花萼略有松散，适合于远距离运输和贮藏				
开花指数2：花萼伸出萼片，可以兼作于远距离和近距离运输				
开花指数3：外层花瓣开始松散，适合于近距离运输和就近批发和出售				
开花指数4：内层花瓣开始松散，必须就近开始出售				

注：引自中华人民共和国农业行业标准　月季切花（1997）。

表2-9　标准菊切花产品质量分级标准

评价项目	等级			
	一级	二级	三级	四级
整体感	整体感，新鲜程度极好	整体感，新鲜程度好	整体感一般，新鲜程度好	整体感，新鲜程度一般
花形	①花形完整优美，花朵饱满外层花瓣整齐；②最小花直径14厘米	①花形完整，花朵饱满，外层花瓣整齐；②最小花直径12厘米	①花形完整，花朵饱满，外层花瓣有轻微损伤；②最小花直径10厘米	①花形完整优美，花朵饱满外层花，有轻微损伤；②最小花直径10厘米
花色	鲜艳、纯正、带有光泽	鲜艳、纯正	鲜艳、不失水、略有焦边	花色稍差、略有褪色、有焦边
花枝	①坚硬、挺直、花茎长6厘米以内，头花头端正；②长度85厘米以上	①坚硬、挺直、花茎长6厘米以内，头花头端正；②长度75厘米以上	①挺直；②长度65厘米以上	①挺直；②长度60厘米以上

（续）

评价项目	等级			
	一级	二级	三级	四级
叶	①厚实、分布均匀；②叶色鲜绿有光泽	①厚实、分布均匀；②叶色鲜绿	①叶片厚实、分布稍欠均匀；②叶色鲜绿	①叶片分布欠均匀；②叶色稍有褪绿
病虫害	无购入国家或地区检疫的病虫害	无购入国家或地区检疫的病虫害，有轻微病虫害症状	无购入国家或地区检疫的病虫害，有轻微病虫害症状	无购入国家或地区检疫的病虫害，有轻微病虫害症状
损伤	无药害、冷害、机械损伤	基本无药害、冷害、机械损伤等	有轻微药害、冷害及机械损伤等	有轻微药害、冷害及机械损伤
采切标准	适用开花指数1～3	适用开花指数1～3	适用开花指数2～4	适用开花指数2～3
采后处理	①冷藏、保鲜剂处理；②依品种12枝捆绑成一把，每把中花茎最长与最短的差别不可超过3厘米；③切口以上10厘米部去叶	①冷藏、保鲜剂处理；②依品种12枝捆绑成一把，每把中花茎最长与最短的差别不可超过5厘米；③切口以上10厘米部去叶	①依品种12枝捆绑成一把，每把中花茎最长与最短的差别不可超过10厘米；②切口以上10厘米部去叶	①依品种12枝捆绑成一把，每把基部切齐；②切口以上10厘米部去叶

开花指数1：舌状花紧抱，其中有1～2个外层花瓣开始伸出，适合远距离运输

开花指数2：舌状花外层开始松散，可以兼作远距离和近距离运输

开花指数3：舌状花最外两层都已开展，适合于就近批发出售

开花指数4：舌状花大部分开展，必须就近很快出售

注：引自中华人民共和国农业行业标准　标准菊切花（1997）。

（2）行业标准　农业部于1997年12月发布了月季、菊花、唐菖蒲、香石竹、满天星5种切花产品的农业行业标准，从1998年5月1日起执行，于1999年发布了郁金香、亚洲百合、补血草、非洲菊、香雪兰5种切花的质量标准并实施。表2-8、

表2-9以月季切花和标准菊切花为例进行说明。

(3) 地方标准

①云南省地方标准。云南省技术监督局于1997年8月发布了鲜切花及切叶（枝）的等级标准。标准规定了29种鲜切花（月季、百合、香石竹、菊花、郁金香、唐菖蒲、紫罗兰、非洲菊、飞燕草等）和6种切叶（枝）（银芽柳、万年青、非洲天门冬、棕蕨型文竹等）的等级规格、采切时间、枝长档次、包装数量、标示、运输等技术要求，适用于出口和国内销售鲜切花及切叶（枝）的分级（表2-10、表2-11）。

表2-10　云南省地方标准等级规格表（月季切花）

评价项目	等级		
	一级	二级	三级
花、茎、叶的平衡	平衡状态非常好、无曲折现象	平衡状态较好、无曲折现象	平衡状态一般、基本无曲折现象
花形、花色	花形、花色非常好，保持品种原来特性	花形、花色良好，保持品种原来特性	花形、花色一般，保持品种原来特性
病虫害	无病虫害	无明显病虫害	无严重病虫害
缺损	无折损、擦伤、弯曲、褪色、变形、污物、水伤、冻伤、斑点、灼伤、药害等现象，允许3%的切花有轻微缺陷	无明显折损、擦伤、弯曲、褪色变形、污物、水伤、冻伤、斑点、灼伤、药害等现象，允许5%的切花有轻微缺陷	无严重折损、擦伤、弯曲、褪色变形、污物、水伤、冻伤、斑点灼伤、药害等现象，允许10%的切花有轻微缺陷

注：引自云南省地方标准鲜切花及切叶（枝）等级规格（1997）。

表2-11　月季花枝长档次表

枝长分类（代码）	70	60	50	40	<40
枝长（厘米）	70以上	60～70	50～60	40～50	40以下

注：引自云南省地方标准鲜切花及切叶（枝）等级规格（1997）。

②台湾地区地方标准。台湾花卉质量标准（flower quality standards of Taiwan）是由台北花卉产销股份有限公司在中国台湾省相关部门协助下制定的近 40 种切花的质量等级标准。这个标准将原来的特、优、良分级标准修订为以品质和长度分级的二码标准。一般花卉标准第一是依花卉品质分 A、B、C 三级，分别对花部、叶部和茎部的质量进行限定；第二是依花茎长度分为 12 个级别（表 2-12）。除了一般花卉以外，还针对花烛和月季切花另外制定标准，其中花烛品质分 A、B 两个级别，只对花部和茎部质量进行限定，而月季品质与一般花卉的分级标准相同。花烛依花茎大小和花梗长度分为 8 级，月季依花茎长度分为 4 级（表 2-13、表 2-14）。

表 2-12　一般花（除花烛、月季以外）依花茎长度分级标准

级数	—	3	4	5	6	7	8	9	0	1	2	+
花茎长度（厘米）	30 以下	30～39	40～49	50～59	60～69	70～79	80～89	90～99	100～109	110～119	120～129	130 或以上

注：引自台北花卉产业股份公司《花卉分级包装手册（三）》。

表 2-13　花烛切花依花茎大小和花梗长度分级标准

类别和级数	1	2	3	4	5	6	7	8
花茎大小（厘米）	15 以上	13～15	11～13	9～11	7～9	5～7	5 以下	5 以下
花梗长度（厘米）	45 以上	40 以上	40 以上	35 以上	30 以上	25 以上	25 以上	25 以下

注：引自台北花卉产业股份公司《花卉分级包装手册（三）》。

表 2-14　月季切花依花茎长度分级标准

类别和级数	1	2	3	4
花茎长度（厘米）	66 以上	54～66	45～54	45 以下

注：引自台北花卉产业股份公司《花卉分级包装手册（三）》。

三、质量控制

现阶段，我国花卉生产以量为主，无相应的质量检测机构督促生产者的规范化管理和标准化生产，致使产品质量不高，难以进入国际市场，即使在国内，如果没有花卉产品质量检测，有好花也卖不出好价钱。而且，随着花卉远距离大流量的发展，花卉采后保鲜将显得日益重要。过去多采用保鲜液处理来延长切花寿命，但随着人们对环保问题认识的提高及环保法令的日趋完善，许多化学药剂将禁止使用，因此对于鲜切花，不仅通过对其外观品质和病虫害携带程度进行质量检测区分级别，也很有必要对保鲜品质进行检测。如何建立花卉产品质量控制体系是当前花卉产业急需研究和解决的问题。参考国外先进体制，对我国的花卉工作者有借鉴作用。以荷兰为例，他们的质量控制主要通过以下几方面来完成：

1. 检疫　检疫工作是根据花卉将要出口到达的目的国的进口要求进行检疫的。高品质是荷兰花卉部门的首要工作，因此他们有一个严格的质量控制体系。所有进口的活的植物都必须进行进口检查，以确保不把有害的生物带入荷兰境内。同样，出口到其他国家的植物也必须附上检疫合格证明。这种检疫不是在离境口岸做的，而是在出口商或种植户的花卉种植现场或贮藏场所进行的，其目的是检疫人员可选到他们需要的检疫对象。

这项工作由荷兰鲜切花及观赏植物检疫服务处负责（the general netherlands inspection service for cut flowers and ornamental plants，NAKB)。该机构是由荷兰农业、自然资源管理及渔业部赞助的一家私营机构。从 1966 年起，凡是从事鲜切花及观赏植物生产或经营其繁殖材料的单位都必须是 NAKB 的会员单位。NAKB 负责检查其会员单位的产品是否符合检疫的要

求：包括是否符合国家的卫生要求、产品的真实性、产品的纯度及产品的外观质量等。如果哪一家公司的产品质量经 NAKB 检查后发现不符合其要求，那么该公司可能被取消其资格认定证书，而如果没有资格认定证书将不允许经营繁殖材料。NAKB 有一个由专家组成的专业检疫队伍及非常现代化的试验室，可对样品进行 80 多种真菌的检疫，几乎涵盖了目前已知的花卉中的所有真菌。

2. 质量控制贯穿于生产、加工、运输及销售全过程　新鲜对切花来说尤其重要。要保证花卉的新鲜需要从生产到销售全过程的密切合作和配合，在荷兰，为了提高花卉产品的质量，批发商与拍卖行和生产者密切合作，在这过程中，加工、包装和其他后勤服务也密切配合。荷兰已经制定出来一个让花卉批发商达到 ISO 9002 标准的方案，第一批 ISO 证书的申请已经申报。此外，荷兰正在制订批发商及生产种植户 ISO 的资格认定体系，这对种植户制订和引入质量控制体系也非常重要。

3. 供应商　近十年来，荷兰温室栽培花卉发展迅速，荷兰因此形成了一大批专业的供应商。荷兰花卉部门的最大优势是很多设施、技术供应商能随手可得。从温室建造、灌溉系统、计算机技术、工程到植物育种、种子等，各类专业公司应有尽有。而且，荷兰多年来一直是世界上温室设施的主要供应国，他们可以提供一整套的设施及技术：如自动控制系统、供水供肥系统、基质系统、通风加热系统、人工光照及遮荫以及温室内的运输、分拣和包装等后勤服务系统。目前有一些公司专门提供植物的生物防治技术，由于花农对环境、生态保护的意识日益增强，因此这些公司提供的生物防治技术很受欢迎。除供应商之外，花卉园艺专家的咨询工作对荷兰花卉质量的提高也起到了至关重要的作用。

4. 植物育种及种子生产　植物育种及种子生产部门的多元

化程度很高。有专门从事切花种子生产的公司和庭院植物种子及种苗生产的公司。

5. 研究　荷兰花卉应用技术的研究主要在西部的花卉温室生产地区 Aalsmeer 和 Naaldwijk 这两个地方的“花卉生产和温室园艺研究站”进行。另外，DLO 农业研究所和瓦赫宁根（Wageningen）大学也进行一些花卉生产应用研究。

6. 教育　各级农业教育从职业教育到大学都开设花卉专业。在花卉生产地区，荷兰的职业学校二年级以上的班级就开设花卉生产和销售课程。

7. 推广　每年荷兰对推广及咨询部门的投入高达 1 000 万美元，其主要目的是提高生产效率和经济效益，同时解答农户对环境保护方面的咨询：如减少杀虫剂的使用、减少土壤养分的损失及节省能源等。

第三节　市场准入质量标准（VBN 标准）

标准化在现代切花贸易中的作用越来越突出，切花产品必须按照相关规定进行预处理、分级、包装，才能进行交易。虽然国内现阶段切花产品交易还不能完全按标准化的方式进行，但这是未来发展的必然趋势。昆明国际花卉拍卖中心（the Kunming international flower auction center，KIFA）自 2002 年成立以来取得的显著成绩证明了这一点。在 KIFA 成立之初，云南生产玫瑰的切花只有 5%的使用拍卖的方式交易，但目前已有 70%的玫瑰切花通过拍卖方式进行交易。下面以目前最成熟、规范的荷兰花卉拍卖市场为例，介绍切花产品的市场准入质量标准。

荷兰的种植者和贸易商对进入拍卖市场进行交易的园艺产品质量要求达成共识，这些达成共识的产品质量要求包括产品的质量、等级、包装以及产品信息等条件，由这些相关的条件内容构

成了 VBN 产品标准，其中详细列出了拍卖过程中的相关要求和条件。荷兰花卉拍卖协会（VBN）对每一种花卉产品都发布了关于产品质量、包装、市场准入条件等相关标准说明，凡经由荷兰拍卖市场出售的花卉产品必须符合 VBN 制定的以下产品质量和等级标准后，方可进入拍卖市场进行拍卖。

一、最低贸易条件

若符合以下贸易条件时，切花可以进行交易；达不到相关要求的产品将不能交易，必要时必须进行销毁。

（一）内在质量

一定数量的鲜切花必须按照 VBN 法令“鲜切花的预处理”进行必要的预处理，其产品标识必须简要的说明要进行那一种必需预处理。

1. STS 预处理　预处理是参照 VBN 法令的“切花预处理检验”中测量其花芽中 STS 的最低浓度。

处理液中的银会对环境产生污染，所以使用后的 STS 处理液不能直接倒到地上，应有专业人进行处理至无毒后才能倒掉。

中和液最好倒入下水道中。

沉淀（残渣）必须带到政府指定的专门地点（小型废品处理站）进行回收处理。

2. 含氯或铝的硫酸盐处理液　代理商用有活性成分的含氯或铝的硫酸盐预处理液预处理切花。

检验鲜切花是否已作预处理是分析切花的补给水或按照 VBA 法令的“切花预处理效应”检验其细菌含量是否符合规定。

3. 含有四氨基化合物、赤霉素、糖或 AOA 的预处理液　代理商用有活性成分的含四氨基化合物、赤霉素、糖或 AOA 的预处理液预处理切花。

检验切花是否已做预处理是分析切花的补给水分是否符合VBA法令“切花处理检验”规定。

四氨基化合物的预处理检验是检验其茎秆部分的活性成分数量。

（二）外在质量

作为商品进行交易的所有切花其质量必须至少达到一定水平，交易完成后，其观赏价值应能持续一段时间。由此规定鲜切花满足一定的成熟度，如下：

①最低成熟度要求花序已有适当的展开。

②最高成熟度要求切花无老化现象或者过度开放（表2-15）。

表2-15 鲜切花成熟度分级表

最低成熟度 ↓ …… 最高成熟度 ↓

	适于销售					
不适于销售	质量代码不成熟*	成熟阶段1	成熟阶段2	成熟阶段3	质量代码成熟	不适于销售

* 依照阶段性成熟发展进程表。

如若切花不符合以上最低要求的切花将不得进行贸易。

二、质量等级标准

1. 质量和批次等级标准

一个批次的切花进行拍卖必须满足以下要求：

①批次花必须具备好的内在质量。

②批次花必须是新鲜的。

③批次花成熟度必须在阶段1、2或3（成熟阶段发展表中

已有论及）。

④批次花必须无来自动物或植物寄生物的损害。

⑤批次花在：a. 花/花序/花芽；b. 枝条/茎秆；c. 叶/针叶/刺上无损伤/无缺损/无偏离/无污染。

⑥批次花必须有优美的形状、结构、新鲜的花和叶颜色。

⑦茎的最下10厘米处必须无叶片。

⑧茎秆必须挺直、强健，有足够的韧度支持花。

⑨批次花必须有相同的颜色、厚度、强健度和花束大小。

⑩批次花必须以固定的方式进行定级。

⑪批次花必须有适合的外包装。

2. 必要条件及质量评定　假如一批花不满足以上一项或更多相条件，这批花应作为有质量问题的花进行贸易。若这批花判别时有一个宽范围允许差，在拍卖时视为无质量问题、中度质量问题（偶数质量代码），还是严重质量问题（奇数质量代码）。一般质量评定以表2-16、表2-17为基准进行。

表2-16　内在质量问题（如乙烯敏感性、低温伤害等）**允许差参数**

批次花枝数	允许差	
	小尺度	大尺度
<5%	无质量问题	中度质量问题
5%～25%	中度质量问题	严重质量问题
>25%	严重质量问题	不能交易

表2-17　外在质量问题（如萎蔫、枝条硬度、病害、叶斑、不完整叶和新鲜度）**允许差参数**

批次花枝数	允许差	
	小尺度	大尺度
<5%	中度质量问题	严重质量问题
≥5%	严重质量问题	严重质量问题

3. 各级花的补充等级评定条件　如果等级评价按长度、重量或其他特征，下列补充规则可应用于切花的等级评定，其产品规格有说明哪些方面是等级评定的主要依据。

按表 2-16 提到的要求，若评有轻度或中度质量问题，则产品可判为 1 级；若评有严重质量问题，则产品定为 2 级或更高的级别。

（1）按长度定级

①切花按长度定级，且级别规格以 80 厘米长为基准，以 5 厘米为一个增长基数，甚至 10 厘米为一个增长基数，如表 2-18。

表 2-18　按茎秆长度定级

最小茎秆尺度	等级编码
25 厘米	025
30 厘米	030
35 厘米	035
40 厘米	040
45 厘米	045
50 厘米	050
55 厘米	055
60 厘米	060
65 厘米	065
70 厘米	070
75 厘米	075
80 厘米	080
85 厘米	085
90 厘米	090
等，按 5 厘米递增	等，按 5 递增

②在一束切花中最长枝与最短枝的长度相差不能超过 3 厘米。

③茎秆必须规则整齐，花束主花（蕾）看上去规则整齐，茎秆大小粗细均匀。

④切花进行贸易时长度等级是通过等级编码来反应的；最短茎秆长度—弯曲茎秆长度都有所反应。这三方面在定量等级编码中都会被用到。如表 2 - 18。

（2）按重量定级

①根据产品，切花按重量以 1、2、5 或 10 克为基数定级。

②切花进行贸易时重量等级是通过等级编码来反应的，这三方面在定量等级编码中都会被用到。一批花的平均茎重量是决定这批花等级的参数。

（3）鲜切花花蕾数

①按花蕾数定级如表 2 - 19。

②如果切花是按一定的条件（更高要求）定级，规定每 10 枝捆成一束，多头类最低限度 5 个分枝上至少有 5 个好的花蕾。

③在贸易时花蕾数在等级编码中也是一个参考因素。在一批花中，等级表明确指出单枝花着生的最低花蕾数。在定量等级编码时有 2 种类型的花可用到如表 2 - 19。

表 2 - 19　按花蕾数定级

大花型 每枝花的最小花蕾数	小花型 每枝花在最小花蕾数	等级编码
1	10	10
≥1	15	15
2	20	20
≥2	25	25
3	30	30
≥3	35	35

（续）

大花型 每枝花的最小花蕾数	小花型 每枝花在最小花蕾数	等级编码
4	40	40
≥4	45	45
5	50	50
≥5	55	55
等	等	等

（4）按其他特性定级　产品可根据成熟度、花蕾数、花序长、花茎、花萼和叶鞘长等参数来定级鲜切花成熟度。

评级时，为何会出现在同一批次花中最大限度的两个连续成熟度阶段（在成熟阶段目录单中可见成熟阶段图片）（除其他因素外）。在定量成熟度等级编码时有两种类型的花可被应用到，在一批花中若有50%以上的花达到成熟则这批花即是成熟的。

4. 质量类别的等级编码　参考荷兰拍卖市场及国内的市场，可用拍卖的切花可分为3类：A1、A2和B1，根据它们符合其质量要求和等级标准的范围。

（1）质量编码　一批花符合质量要求和等级标准的尺度是由其本身的质量因素决定的。质量的好坏可通过表2-20对应的各项质量编码来表明：

表2-20　质量编码表

质量标识	质量编码
无质量问题	无质量问题
中度质量问题	偶数质量问题
严重质量问题	奇数质量问题

（2）质量类别的划分　根据资料编码，切花的质量类别可划分如下：

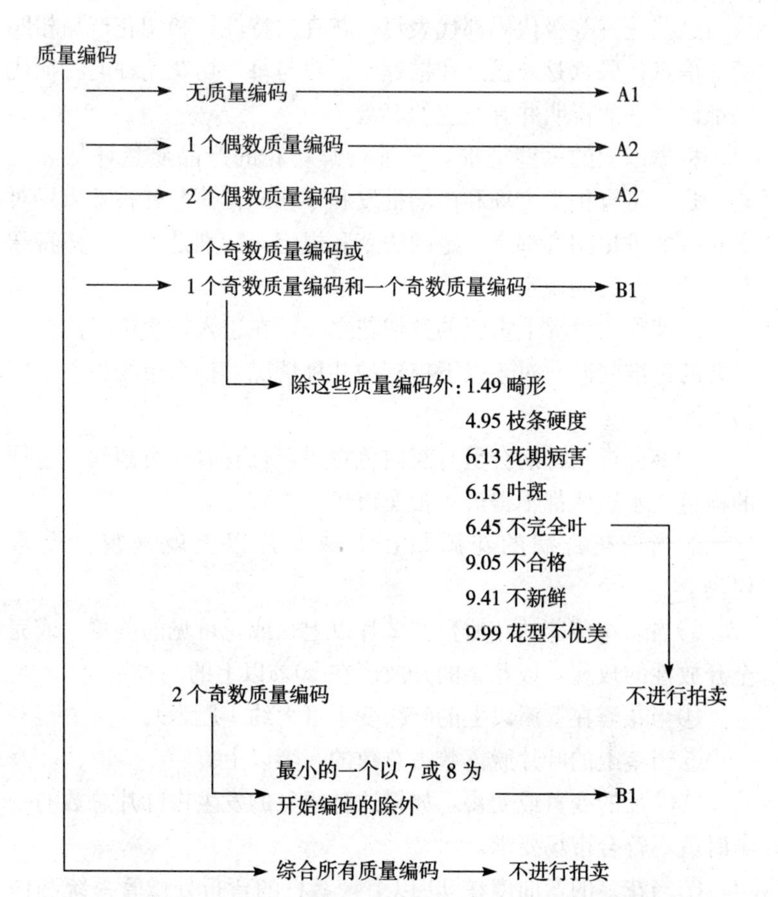

以下质量编码视为偶数编码				以下质量编码为奇数编码
1.21	1.71	4.47	8.19	1.48
1.23	1.79	4.55	8.39	4.94
1.25	1.81	4.63	8.67	6.12
1.33	4.15	5.31	9.19	6.14
1.39	4.17	7.63	9.39	
1.43	4.27	7.65		
1.63	4.31	8.17		

这些花卉等级代码都代表每一花卉的特性，和切花产品相匹配的信息代码都是被强制和推荐的。对与每一切花品种的特征代码都以详细的说明并有对应的等级。

根据以上的一些标准，来进行鲜切花的产品质量评估和检验，是否符合拍卖市场和市场批发和零售。在荷兰的拍卖市场对于花卉的进出拍卖都有一定的法令和规定，特别是对于一些特殊花卉还有专门的规定。

玫瑰作为世界上重要的鲜切花之一，在进入拍卖市场前有着重要的标准限制。对于以下提到的几种情况，拍卖市场将不予贸易流通：

①茎秆得灰霉病会呈有灰白色霉层，且有时长有菌丝，茎秆的褪色失水这些都不得进入拍卖市场。

②当染灰霉病的花瓣数在 5 或 5 片以上就被视为严重侵染。

③当切花掉落的花瓣数在 2 片以上，或花可见的萎蔫，或完全开放性的玫瑰，或花朵的开放度在 50％以上的。

④当花瓣在 5 瓣以上的叶缘变干（大约 1 厘米）。

⑤当茎上的叶片脱落数占总数的一半以上。

⑥叶片的变黄或变褐，如果这种想象的发生占叶片总数的一半时就不符合市场要求。

⑦当花茎的弯曲度在 90°以上，茎秆的弯折处微管系统和内部细胞就会受损导致切花提前萎蔫死亡，这样就不能进入拍卖市场。

⑧通常花发育分为五个阶段：花苞紧实型、松散型、半开放型、开放型和完全开放型。而当花到达第三阶段时，花苞将慢慢走向萎蔫，如果检测出有叶的局部或整体萎蔫超过总叶片数的 50％时就被市场拒绝交易。

以玫瑰为例花发育的五个阶段（图 2－1）：

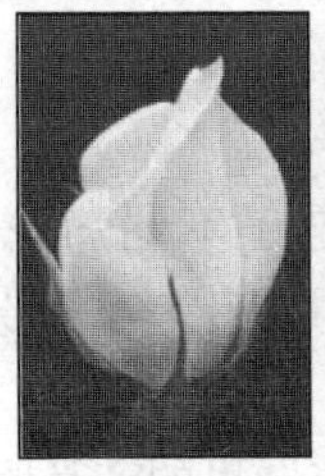

紧实型花苞　　松散型花苞　　半开放型花苞

开放型花苞　　完全开放型花苞

图 2-1　玫瑰花发育的五个阶段

三、包装要求

1. 包装要求概述

①切花必须在专用的包装容器、包装箱或盒子中运输。

②切花包装材料必须经 VBN 同意。

③对于必须含水立式包装的切花，容器中的水必须是清洁、且添加相应要求保鲜剂；必须保证拍卖过程中有充足的水、以防切花萎蔫；在检验时，最多只能有 5 厘米的水在容器中，容器中水位测量是在没有切花的状态下进行。

④一次性纸箱不能使用一次以上。

⑤一些具针、刺、硬枝、尖锐叶片或使用有支撑材料的切花产品，必须专门包装，以防伤害操作人员或损伤它物。

⑥必须选择能够在整个运输、销售流通链有效保护切花质量的包装方式。

2. 装载与堆放

①每包装箱或容器的适宜装载量决定于不同切花花枝大小、每束花的花枝数，理想的装箱方式是按每个箱子最大容量装箱。

②包装产品堆叠时，下层包装箱里或容器里的产品距离上层包装容器的自由空间至少 5 厘米以上。

3. 处罚　如果切花没按规定条件包装，拍卖市场有权处以罚款。

四、鉴定要求

1. 说明要点　每辆层叠车产品的供货商必须全面、准确地提供至少以下信息：

①供应商信息：公司名字、地址，多少供应商。

②拍卖和出售日期。

③切花箱数。

④每个装箱单位/包装单位的数量。

⑤VBN 包装编码。

⑥VBN 产品编码：产品编码必须准确反应产品分级信息。

⑦附加产品描述。

⑧层叠车类型：拍卖式层叠车或是丹麦式装货箱。

⑨拍卖或产品组别。

⑩产品特色。

⑪交易方式。

2. 产品标签　每个包装单位（如桶或箱）的切花必须具有包括如下产品和供货商信息的标签：

①供货商数量。

②品种名。

③每个包装的切花数量，最好加上分级码和供货商的名字。

3. 产品信息　遗传改良产品同样需要给出产品的起源、种类、分级信息。

4. 处罚　如果切花不能满足上述规定条件，拍卖市场有权处于罚款。

第三章

切花保鲜技术

切花保鲜技术目前国内外主要有物理、化学、生物及基因工程等方法。其中以物理保鲜和化学保鲜技术在实际的切花保鲜中应用较多，通常是二者联合起来使用。

物理保鲜技术是指应用一些物理的方法，如预冷、低温贮藏、创造适宜气体条件、辐射、超声波等，降低切花的呼吸及蒸腾作用，抑制植物体内乙烯的生成，从而延缓切花的衰老进程，延长瓶插寿命，达到切花保鲜的最终目的。实际应用中一般是一种或一种以上的物理技术同时应用，如减压贮藏技术同时运用了低温、低氧、去除乙烯等多种保鲜手段。

化学保鲜技术是指将化学保鲜剂应用于切花的采后保鲜过程，如应用能源物质、杀菌剂、乙烯抑制剂等，调剂和延缓切花衰老进程。由于切花产品不同于其他园艺产品，它仅以观赏为目的，因此在不造成环境污染的前提下，通过茎秆基部或其他途径吸收保鲜剂，调节生理代谢机能，抑制微生物的繁殖和内源乙烯的生成，防止茎秆导管的生理性堵塞，从而保持通畅的水分运输，有效延缓切花衰老的进程、延长瓶插寿命，以达到切花保鲜和提高观赏品质的最终目的。

第一节　切花采收

一、切花采收的适宜时期及确定原则

切花保鲜从采收开始，适宜的采收期是切花质量的重要保

障。在适宜的发育阶段采切，切花能更长时间的保持新鲜状态。一般而言，越在花朵发育的后期采切，切花的瓶插寿命越短，在能保证开花最优品质的前提下，以尽早采收为宜。商品切花最适宜的采切阶段因植物种类、品种、季节、环境条件、距市场远近和消费者的特殊要求而异。

采收时间常分为蕾期采收、初花采收和盛花采收三种类型。通常，在能保证花蕾正常开放、不影响品质的前提下，应尽可能在花蕾期采切，即花蕾显色时采收，因为此阶段最容易降低切花对乙烯的敏感性。此外，蕾期采收具有便于采后处理及耐机械损伤、延长采后寿命、节省贮运空间、缩短生产周期、避免初冬早霜伤害等优点。适于蕾期采收的切花种类主要有唐菖蒲、菊花、小苍兰、百合、郁金香、金鱼草等，如唐菖蒲花序下端的花蕾显色时，即可采收；芍药、牡丹等在花头（花蕾）显色时采收，可于吸水后盛开，且耐贮藏。但需要注意的是月季和非洲菊如果采切过早，弯茎现象发生更频繁。这是因为月季弯茎区域的花茎中维管束组织木质化程度不够，支持结构没有完全成熟；非洲菊则与花茎中心空腔尚未形成有关，这一空腔可作为另一输水通道。初花采收是在花朵初开时采收，目前多数种类的切花采收期均属于此类，如月季多数品种在 1～2 片花瓣外展初开时采收最佳，属于此类型的还有荷兰菊、金光菊等。盛花采收是在花朵盛开时采收，以花期持久的种类为多，如红掌、兰花、大丽花等。

Charles 等（1986）开展了 5 个芍药切花品种‘Felix Crousse’、‘Fesfiva Maxima’、‘John C. 1ee’、‘Mons. Jules Elie’和‘Richard Carvel’不同采收时期的研究，根据其在切花寿命、干重和切花贮藏等方面的不同表现，发现花萼紧实期采收的切花经常不开花和延迟开花，花萼松散或最外层花瓣松散时采收的切花寿命没有明显不同，但较早采收的切花不易在运输或处理时由于受伤而感染。花萼松散、最外层花瓣显色时采收的切花在 0℃条件下干藏 4 周，仍可维持较好的质量，因此，花萼松散、最外层花瓣显色时采收的芍药切花是贮藏切花最适宜的采收时期。

不同的品种对适宜采收时期的要求也会不同，通常芍药重瓣花应比单瓣花稍后些采收，红色品种比白色品种稍后些采收。月季切花适宜的采收时期通常是红色和粉红色品种，头两片花瓣开始展开，萼片处于反转位置；黄色品种稍早于红色和粉红色品种；白色品种稍晚于红色和粉红色品种。

总之，鲜切花最适宜的采收时期因种类、品种、季节、距市场远近和消费者的特殊要求而异，而且切花采后的发育和瓶插寿命在很大程度上取决于植物组织中碳水化合物和其他营养物质的积累。因此，许多切花，如香石竹、月季和菊花等，在夏季采切的发育阶段早些，而在冬季的采切则宜晚一些，以保障它们在花瓶中正常发育。

二、采收时间

具体的采收时间也会影响到切花的采后寿命，由于切花种类多，各种类之间在生长习性及采后的生理特性上存在明显差异，因此具体的采收时间常因切花种类的不同而不同，原则上要尽可能避免在高温和强光下采收，通常可把采收时间分为三个时段：

1. 上午　可保持切花细胞高的膨胀压，即切花含水量高。但由于露水多，切花比较潮湿，易受病菌侵染为害。对于大部分切花，宜采用上午采收，注意需要在露水、雨水或其他水汽干燥后进行。切花采切后应立即放入保鲜液中，尽快预冷，防止水分流失，保持高的品质。对于乙烯敏感型切花，在田间先置于清水中，并尽快转到分级工作间后用乙烯抑制剂作抗乙烯处理。

2. 下午　下午采收的优点是经过一天的光合作用，积累了较多的碳水化合物，切花质量相对高些，但因气候高温干燥，切花易于失水，且田间热携带较多。

3. 傍晚　一般傍晚采收比较理想，因为经过一天的光合作用，

切花花枝中积累了较多的光合产物，质量较高，但因不能当日销售而在实际中难以实行。若采收后放在适宜的保鲜液中则比较理想。

但不同的切花要具体而定，如对于易于失水的切花种类适宜在上午含水充足时采收。如果切花采后直接放在含糖、抗菌剂等成分的保鲜液中，采切的时间就可以相当灵活了。

三、采收技术

采收时一定要使用锋利的剪刀（非洲菊用手撇拔），使切口整齐，避免压破茎部，否则会引起含糖汁液的渗出，造成微生物的侵染，反过来亦将造成茎的阻塞。剪截面应为斜面，以增加花茎的吸水面积，这对吸水只能通过切口的木质茎类切花尤为重要。草茎类切花除了切口导管吸水外，还可以从外表皮组织进行，因此剪口并不那么重要。

花枝长度是质量等级的指标之一，所以采收尽可能使花茎长些，但注意避免剪到基部木质化程度过高的部位，否则会导致鲜切花吸水能力下降，缩短切花的寿命，所以采收的部位应选择靠近基部而木质化适度的地方。有的种类如月季，最好在水中进行二次剪切，或将切口置于80～90℃热水中浸泡10～15分钟，以排出花茎中的空气，利于切花水养时的水分吸收和疏导。还有一些切花品种，如一品红，在切口处流出乳汁液。乳汁液在切口凝固，会影响水分吸收，通常需要在每一次剪截花茎后，立即把茎端插入85～90℃烫水中浸渍数秒。

第二节 切花分级与包装

一、切花分级

分级是指将采切后的切花按照一定的质量标准或客户的特殊

要求归入不同等级的操作过程。目前不是所有切花产品都有质量等级或标准，且各国标准也不尽相同。切花分级一般考虑：茎秆长度和粗度、茎秆直立度、花和叶的颜色、花朵成熟度、花形以及有无病虫害和缺陷等。

1. 分级的项目　分级需要有一定的标准，首先要明确鲜切花的标准将从哪些方面去审定。同一产地、同一批量、同一品种、相同等级的产品作为一个检验批次，从中随机抽取检验的样本，样本数以大样本至少 30 枝，小样本至少 8 枝为准。然后对下列项目进行检测：

鲜切花品种　根据品种特性进行目测。

整体效果　根据花、茎、叶的完整、均衡、新鲜和成熟度以及色、姿、香味等综合品质进行目测和感官评定。

花形　根据种和品种的花形特征和分级标准进行评定。

花色　按照色谱标准测定纯正度；是否有光泽、灯光下是否变色，进行目测评定。

花茎和花径　花茎长度和花径大小用直尺或卡尺测量，单位为厘米。花茎粗细均匀程度和挺直程度进行目测。

叶　对其完整性、鲜艳度、叶片清洁度、色泽进行目测。

病虫害　一般进行目测，必要时可培养检查。

缺损　通过目测评定（GB/T 18247.1—2000）。

2. 分级标准　目前在国际上被广泛使用的切花标准有欧洲经济委员会（ECE）标准和美国标准（SAF），其中 ECE 标准是由位于瑞士日内瓦的联合国欧洲经济委员（ECE）建立起的一套有关切花的质量标准，该标准对欧洲国家之间以及进入欧洲贸易的切花上市交易的所有产品进行质量控制，除一些特殊植物种

外，ECE的总标准适用于以花束、插花或其他装饰为目的的所有鲜切花和鲜切花蕾，其从切花的质量、分级、大小、耐受性、外观、上市和标签等方面进行了详细的说明和要求。美国标准是指美国花卉栽培者协会制定出的推荐性标准，但涉及的种类不多，其一个显著的特点是其对茎的坚挺度、花的缺陷、花瓣与叶片的色泽及特定种的特殊性状制定出判断标准，但此标准是推荐执行的。

一直到1997年我国才首次颁布了5个鲜切花的行业标准，分别为月季、唐菖蒲、菊花、满天星和香石竹；至2000年才颁布了6类花卉产品的国家标准，分别是鲜切花、盆花、盆栽观叶植物、花卉种子、花卉种苗、花卉种球和草坪草种子，这些标准的颁布为我国花卉产业的发展提供了一定的标准支撑，结束了完全无标准可依的状况，但这些标准基本上都是根据外在指标进行评价，对于产品的内在品质、检测方法、标准化生产等环节还是存在无标准或规程可依的状况。特别是我国加入世界贸易组织后，一方面要遵循统一的国际贸易规则，要求标准制定修订工作程序更加公开透明，标准通报制度更加快捷，要求标准充分反映相关利益方的需求，这对标准化工作提出了全新的要求。另一方面，随着关税和配额的逐步取消，标准作为经济建设的技术基础，在经济贸易中的作用越来越重要。各国都在利用标准构筑一些技术壁垒，保护本国的企业和产品。另外，“技术专利化、专利标准化、标准全球化”以及发达国家利用标准中涉及知识产权进行技术垄断也是一个新趋势。经济利益之争，很大程度上成了标准之争。如何打破国外技术壁垒，扩大出口，已成为我国花卉标准化工作面临的新问题和新任务，在切花分级上尤其缺乏涉及基础术语、质量安全、贸易壁垒以及试验方法等基础与通用的标准、方法，如切花瓶插寿命测定、保鲜成分检测及切花内在品质等标准和技术规程的制订已显示出非常迫切的需求。

3. 分级方法　首先清除收获过程中所带的杂物，去除损伤、腐烂、病虫感染和畸形花。然后根据目前我国已制定的切花、切叶、切枝等14种产品的国家标准，云南省鲜切花、切叶（枝）等级质量分级标准或购买者要求使用的分级标准进行分级。

根据我国鲜切花分级标准依据整体效果、花、花茎、叶、包装容量、病虫害等将每个品种分为3个等级；依据新鲜度、健康状况、机械损伤、整齐度等对切叶进行分级。根据云南省鲜切花、切叶（枝）等级质量分级标准，鲜切花按其外观形态，如新鲜度、整体感、病虫害、机械损伤等状况分为特级、一级、二级、三级4个级，低于三级的鲜切花应淘汰。三级以上的鲜切花再根据花茎长度、成熟度、每花序中小花的数量，分为不同的规格［详细见云南省鲜切花、切叶（枝）等级质量分级标准］。分级中要求鲜切花要边分级边放在装有清水或保鲜剂的容器中，每一个容器内只放置一种规格的产品，并在容器外清楚地标明品种、等级、数量等情况。目前在国际市场上广泛使用的标准有荷兰拍卖市场标准、日本国家鲜切花标准、欧盟鲜切花标准等，国内将要启用的有昆明国际花卉拍卖市场标准。

二、切花包装

切花是园艺产品中最娇嫩、最不耐贮运的产品之一，其包装既符合一般包装的原则，又有自己的特殊要求。

包装一般在贮运之前进行，作为保鲜的技术措施之一，包括花材的单枝包装、花束包装以及运输包装等。切花的产品包装主要作用是：便于切花产品的采后处理，减轻机械损伤，减少水分流失，帮助切花保持较低且相对稳定的温度，给切花创造保鲜的气体环境，提高商品价值。切花包装是以产品为核心，服务于调运、销售整体流通的一个涉及面很广的综合性系统。

1. 包装材料

（1）塑料薄膜　绝大多数花卉在运输过程中为了避免水分大

量蒸腾，均采用塑料薄膜加以包装。实践证明，使用塑料薄膜进行包装的花卉采后品质均可保持较高的水平。其主要原因是由于塑料薄膜保证了贮藏小环境中能有较高的相对湿度，从而避免了花卉产品的水分胁迫。但是在包装过程中，应该注意的是尽快除去田间热，否则由于包装材料内部空气湿度较高，外界温度较低，水滴就会凝结在塑料薄膜内壁，即出现所谓的凝结现象。结露会使花卉产品的某些部分处于水浸状态，经过一段时间后，就会产生花卉产品腐烂的现象。

（2）纸膜　由于纸具有透气性、吸水性等许多优良特性，使其在切花的保鲜包装上一直发挥着重要作用。另外，随着保鲜包装学科的不断发展，普通纸包装通过创新与引入相关技术与工艺，新增了纸包装的功能和作用，将使其被越来越多地用于采后包装中。

在纸膜上，影响花卉保鲜使用的因素主要是纸包装膜上的孔洞布置，孔洞布置包括了纸质本身的孔隙大小和在包装上专门设置的透气孔布置两个方面。其中纸质本身的孔隙在纸膜或纸板制成后很难改变，但为了选择合适孔隙（透过率）的保鲜包装纸，就需要合理选择不同密度的纸张或将不同孔隙的纸张进行组合或复合使用。而在包装上的透气孔设置，则在制作包装时，对那些透气性要求较高的材料，针对各自透过效果设置不同大小、不同方位的孔，以达到良好的保鲜效果。

（3）包装箱　很多切花是被装在瓦楞纸箱或瓦楞塑料箱中被运输的，制造包装箱的材料通常为合成板、瓦楞纸板。合成板一般表面敷有聚丙烯、聚乙烯等物质，瓦楞纸板的波纹有A形、U形、V形等。所采用的包装箱尺寸要依花卉种类的大小不同而进行设计。目前我国尚未制定出花卉包装箱的行业标准，花卉产品的包装箱基本都是由花卉生产者自行设计的，这种状况不利于国内外的花卉贸易正常进行。为了扭转这种局面，应该尽早出台有关的行业标准。然而对于一些出口至国外的花卉专业公司来说，通常采用进口国的有关标准制作包装材料，现列出美国的切花包装箱标准（表 3-1）以供参考使用。

表 3-1　美国切花包装箱标准（厘米）

长×宽×高	长×宽×高
104×12.5×18	122×51×30.5
104×25.5×18	38×18×122（唐菖蒲专用）
104×51×18	33×33×122（唐菖蒲专用）
112×12.5×20.05	101.5×40.5×10（非洲菊专用）
112×25.5×20.05	104×53×44（非洲菊专用）
112×51×20.05	76×35.5×23（切叶专用）
112×25.5×15	76×35.5×38（切叶专用）
112×51×15	33×33×61（鸢尾、满天星专用）
112×51×30.5	33×33×56（月季专用）
122×25.5×15	58.8×45.5×44.5（雏菊专用）
122×51×15	

注：表中数据均为包装箱的外围尺寸。

在花卉产品装箱后，应该立刻放进冷库，在运输时应该轻拿轻放，避免重物挤压。很多国家装载花卉的包装箱上均印有专门的标志，以使其在运输过程中能够更好地被识别，从而保证畅通无阻，用最快的速度运抵目的地，现在我国尚未做到这一点。

（4）填充材料　填充材料主要作用是防止振动和冲击，表 3-2 列出了目前切花包装中使用的主要填充材料的种类。

表 3-2　用于填充材料的种类、制作方法、特性以及用途种类

种类	制作方法、特性、用途
泡沫塑料	物理性状稳定，缓冲和复原性好
聚氯乙烯	热成型法制成，重量轻，有韧性，用于装饰性好、特别容易损坏的鲜切花

（续）

种类	制作方法、特性、用途
充气塑料薄膜	热锋法制成，良好的防湿性，不易污染
纸浆模式容器	吸湿性、透气性好，用于气调贮藏
瓦楞箱	贴合而成，起支持、固定作用
天然材料	包括刨花、麦秸、稻壳、锯末等，透气性、吸湿性、缓冲性好，价格低，无污染，机械化搬运困难，易产生霉菌，易发生尘埃，缺乏装饰性

注：资料来自高俊平（2002）。

2. 包装的种类

（1）外包装　包装箱和包装盒是最为常用的外包装，两者性状相似，习惯上将小的称为包装盒，而将大的称为包装箱。包装盒一般用于销售包装，包装箱多用于运输包装。

用喷洒液体石蜡的瓦楞纸箱作为切花外包装箱，其保鲜效果优于常用的普通瓦楞纸箱。切花装箱时注意不要将花朵置于箱子中间，而应靠近箱子两头，切花在箱内通常分层交替放置，层与层之间填放衬垫以防切花发生机械损伤，同时装箱操作应注意在冷库或低温间内完成包装，同时在冷藏的基础上需要进一步协调生产、流通、销售等部门，建立完善的冷链运输系统，才能得到良好的保鲜效果。另外，传达商品信息也是鲜切花外包装的一个主要功能，它能使人清晰地识别鲜切花商品，可以运用外包装的造型、色彩、文字等视觉作品来传达这一商品信息。

包装箱要求有良好的承载力、耐水湿并不易变形、方便贮运过程中的操作，目前可参考云南省花卉包装运输标准执行；对于出口花卉，可采用进口国的有关标准或商家的要求制作。

（2）内包装　内包装是将分级后的切花，按销售地要求及标准进行切枝、捆扎、装入保鲜袋，用以保护植物免受失水和机械损伤。常用的薄膜材料有软纸、蜡纸及各种塑料薄膜。其中最为常用的是聚乙烯塑料薄膜。塑料薄膜通常是气密性的，因此会导致包装箱内部低氧高二氧化碳环境，减少呼吸损耗，但过高的二氧化碳会造成伤害，如必要可以在包装中放上二氧化碳吸收剂。也常使用可以部分透过气体的更薄的塑料薄膜，或有时也通过打孔的办法改善薄膜的透气性。

3. 切花包装

（1）包装的选择　包装的选择应遵循：符合客户要求的外形和尺寸；能起到保护切花的作用；利于搬运；必要时符合进行强制通风制冷和熏蒸的要求；若目标市场要求回收时能重复利用。目前花卉保鲜包装中常用于切花包装的材料有纤维板箱、木箱、加固胶合板箱、板条箱、纸箱、塑料袋、塑料盘和泡沫箱等，其中纤维板箱是目前运输中使用最广泛的包装材料。此外，在贮运箱中，还要注意切花材料的特殊要求。

（2）标签和商标　包装箱上要注明：出发地和目的地的详细地址；包装箱数量；货物特征（切花种类、长度、颜色、等级、质量等）；注意事项，如“鲜花”、“易碎品”、“2～4℃保存”等；其他要求如“重剪花枝”、“使用采后保鲜液”等也可在包装箱上注明。对于出口花卉，以上商品信息可用出口国文字进行标注。

（3）包装的方法

①捆扎成束。切花产品种类不一样，包装的方法也不一样。鲜切花大部分品种包装的第一步是捆扎成束，花束捆扎的数量和质量依花卉种类、品种及各国的习惯而异。我国大部分切花20枝一扎，比如香石竹、月季等；也有10枝一扎的，如百合、石斛兰等。进口的花卉有8枝、12枝或25枝一扎的，如菊花、马蹄莲等；大花类通常12枝一扎，而香石竹等则以25枝一扎。决定每扎枝数的因素还有单位成本以及机械损伤敏感程度等，如火鹤、荷花等则以更小的单位甚至单枝为一单位，单独包装。另外，满天星、补血草、孔雀草等填充类花材因其花序大而各有不

同的捆扎单位。

②装箱。切花捆扎成束后，通常以报纸、耐湿纸或塑料袋包裹即可装箱。包装箱一般为瓦楞纸箱，箱中衬以聚乙烯膜或抗湿纸以保持箱内的高湿度。月季还常用聚乙烯泡沫塑料箱包装，或置于聚苯乙烯泡沫或聚氨酯泡沫衬里的纤维板箱中，以防外界过冷或过热对切花的为害。装箱可以在预冷前或预冷后进行。如果用强风预冷，则可以在装箱后进行，否则，应将切花预冷后装箱，而且装箱操作应在冷库或低温中间进行。鲜切花装箱时，花朵应靠近两头，分层交替放置于包装箱内，层间应放纸衬垫。每箱应装满，以免贮运过程中花枝移动产生冲击和摩擦，但装箱也不可过紧，否则花枝会彼此挤压。为了保护一些名贵的鲜切花，如火鹤、鹤望兰、红姜花等，箱中常填充泡沫塑料碎屑或碎纸，有时也填充碎湿纸以保持箱内较高的空气湿度，应避免装卸过程中受到冲击。包装箱上应清楚地标明种类、品种、等级和数量。

切叶类的包装基本与切花相似，但更为简单。贮藏箱内也常用加冰、蜡纸等保持低温、高湿。

（4）保湿包装　需要湿藏的鲜切花如月季、非洲菊、洋牡丹等，可以在箱底固定盛有保鲜液的容器，将切花垂直插入塑料桶中。

这种类型的包装，对于运输及装卸等操作要求更高。湿包装只限于公路或铁路运输，在空运禁止使用这种包装。湿藏的包装箱外必须有保持包装箱垂直向下的标识。另有一些娇嫩的切花品种如石斛兰，需在花枝（或成束捆扎后，如满天星）的基部缚以浸湿的脱脂棉再用蜡纸或塑料薄膜包裹捆牢，或在花枝基部套上装有保鲜液的微型塑料管，使得花枝在贮运过程中免受缺水的损害。

另外，为了减少鲜切花在存放和运输过程中的水分蒸腾，在花材装箱前，可以先用 0.04～0.06 毫米厚的塑料膜进行密封包装，该过程要求在冷库中进行，以减少薄膜内冷凝水的产生。

（5）保冷包装　为使预冷后的鲜切花在运输中保持低温，在装箱时，可沿箱内四周衬一层泡沫板或置于泡沫衬里的纤维板箱中，同时在花材中间放冰袋。

（6）花茎弯曲现象　有些切花贮运时间较长，若水平置放，常发生花茎向地弯曲现象，尤其是花序较长的种类，如唐菖蒲、晚香玉、金鱼草、飞燕草等；银莲花、水仙花、金盏菊、花毛茛等也常发生花头弯曲，因此这类切花包装时需垂直放置于专门设计的包装箱中。

（7）乙烯敏感型切花　乙烯敏感型的切花，需在包装箱内放入含有高锰酸钾的涤气瓶，或其他浸渍有高锰酸钾的材料，以吸收箱内乙烯，但需注意鲜切花不可与高锰酸钾直接接触。新型乙烯作用抑制剂 1-甲基环丙烯（1-MCP）在常温下呈气态，能够有效地抑制乙烯、促进切花的衰老且不造成环境污染。有关科研机构正在研究在密封箱内利用该气体处理不同花材来阻止乙烯对切花造成的伤害。

第三节　切花冷链流通

在引起花卉产品衰老变质的因子中，温度是主要的因子之一，在不使花材遭受低温伤害的前提下创造较低的环境温度是流通保鲜技术的关键。

在实际应用中，冷链有广义和狭义之分，狭义的冷链：指在不使花卉产品遭受低温伤害的前提下，创造较低的流通温度，这种流通方式称为冷链。广义的冷链：指在创造较低流通温度的基础上，配合其他措施（如气调、辐射、电流、乙烯抑制剂、乙烯去除剂等）最大限度地延缓衰老进程，减少流通损耗的流通方式，称为广义的冷链。

一、切花预冷

切花预冷是通过人工措施将切花的温度迅速降到所需温度的过程，也称除去田间热的过程。预冷可以降低切花因采收脱离母体造成的伤害。这一过程应在切花采后立即进行，根据具体情况，通常在切花采后0.5～2.0小时进行，超过2小时预冷效果大大降低。

1. 预冷温度　绝大部分切花可以在2～4℃下预冷，但一些热带花卉在0℃以上低温预冷时容易发生冷害，它们可在10～13℃下预冷，冷害的症状通常在切花转移到温度较高的地方时表现出来，受害切花花瓣褪色和腐坏，或贮后花蕾不开放。

2. 预冷方法　目前为止，国内采用的预冷方式有冷库空气预冷、强制通风预冷、压差通风预冷、真空预冷、包装预冷、冷水预冷等，下面主要介绍四种：

（1）冷库预冷　又称室内预冷，主要指直接把鲜切花放入冷库中，不进行包装，预冷结合保鲜液处理同时进行，使其温度降至1℃。该方法简单易行，在国内外广泛采用，特别适合于规模较小的生产者和集货商。该操作要求冷库有足够的制冷量，即冷空气以每分钟60～120米的流速循环。完成预冷后鲜切花应在阴凉的包装间中尽快进行包装，以防鲜切花温度回升。此法所需的预冷时间因花材而异，但一般都为数小时，且预冷时占据的空间较大。

（2）强制通风预冷　简称强风预冷，是在冷库空气预冷的基础上发展起来的一项预冷技术。是指将采收后的鲜切花放入一定规格的打孔箱或有孔塑料箱内，然后放入冷库进行预冷。在冷库中使用风机将接近0℃的空气吹入装有花材的箱内，冷空气直接通过鲜切花，带走田间热，使鲜切花迅速冷却。要求鲜切花在箱内的排列以及包装箱的摆放要与冷空气流动的方向一致。此法所需的预冷时间为冷库预冷法的1/10～1/4，鲜切花水分损失要小，且节省空间，但操作起来较麻烦。使用此方法时，最好能在采收时就将切花放入保鲜剂中处理。

(3) 压差通风预冷　是在强制通风预冷的基础上做了较大的改进，即在包装容器上方增加差压板，阻断冷空气流向，使被预冷物包装容器内空隙部分的气流阻力相匹配。与强制通风预冷相比，明显加大了预冷物的有效风量，提高了预冷速度。该方法克服了强制通风预冷时容易带来的花材容易蒸腾过度的不足，极大提高了预冷效率。

(4) 真空预冷　将采收后的鲜切花在补水或放入盛有保鲜液的容器中，然后一起放入真空预冷机中处理20～30分钟即可。预冷后要将花材放入冷库中保持低温。此法预冷速度快，通常只需30分钟便可使花材温度降低20℃以上，产品预冷均匀，预冷程度容易控制，同时可以大量的处理花材。但所需设备费用高、能源消耗多、预冷过程中产品容易失水萎蔫等。

二、切花运输

切花运输尤其是在远距离运输中产生的损耗是整个流通过程中损耗的主要部分。因此，在远距离运输的过程中应用综合保鲜技术，降低切花的损耗尤为重要。

(一) 影响切花运输质量的环境因子

1. 温度　切花的运输温度是决定其质量和寿命的关键因子。所有切花（除去对低温敏感的热带种类）在采后应尽快预冷，然后置于最适低温下运输。切花在低温下运输有以下优点：减缓花蕾开放和花朵老化；防止切花水分流失；减少切花呼吸和热量释放，防止在运输过程中过热；降低切花的乙烯敏感性；减缓贮藏于茎、叶和花瓣中糖类和其他营养物质消耗。

2. 湿度　在切花和草本插条预冷和运输过程中，空气相对

湿度应保持在95%～98%。微小的湿度变化会损害切花的质量，高的空气湿度可防止切花水分丧失和萎蔫。

3. 光照　在长途运输过程中缺乏光照，尤其在高温条件下，会导致多种切花叶片黄化。

4. 乙烯　当切花在运输过程中置于过于拥挤和无通气孔箱内，或周围温度过高，乙烯常引起切花严重的损失。

5. 振动　振动是切花运输时必须考虑的基本环境影响因素之一。振动引起的机械损伤和生理伤害会影响到切花的产品质量。振动强度的度量以振动所产生的加速度G（9.8米/秒）来表示。不同的振幅和频率对切花产品所造成的影响不一样。一般情况，1G以上的加速度就会使切花遭受损伤。振动对产品的影响又可以分解为跌打（drop）和摩擦（rub）。产品因种类不同对振动和摩擦的耐性不同。

同一运输工具行驶速度越快，振动越大。就同一运输工具中产品所处的部位而言，以货车为例，货车后部上端的振动最大，前端下部振动最小。在运输中除振动外，还有挤压；在运输前和运输后的搬运过程中还存在着对产品的冲击和切割等，这些都是应当设法减轻的。目前可通过包装材料的选择等各个方面来减轻振动和冲击对切花产品的损伤。

切花不要与水果和蔬菜一起运输，如苹果、杏、香蕉、花椰菜、芹菜和番木瓜这类产品，它们会产生大量的乙烯气体，使切花受到伤害。腐烂的水果、蔬菜和切花都将产生大量的乙烯，因此应及时清理运输车辆中腐烂的植物材料。

中国农业大学观赏园艺与园林系报道，其开发的远距离综合运输保鲜技术是在预冷及预处液处理的基础上，综合应用聚乙烯膜保湿限气包装、有害气体吸收剂、蓄冷剂与聚苯乙烯保冷隔板等技术，在常温下实现远距离保鲜运输，是现在国内较先进而实用的鲜切花远距离运输综合保鲜技术，可使远距离运输损耗由原来的40%以上降到20%以内，与常规保鲜技术相比，提高花材质量，且使平均售价提高10%以上。

（二）切花运输途径及工具

选择合适的运输途径及工具对于保证切花运输品质而言是至关重要的，国与国之间切花产品的贸易，多采用远距离航空运输；一些技术发达国家近距离和中距离运输多采用汽车运输。

1. 陆路运输

（1）汽车运输　汽车运输是陆路运输中的重要方式，可以很方便地将产品由产地直接运输到消费地。根据运输车辆的性质和用途可以划分为常温车、冷却车、保冷车、冷藏车以及特殊功能冷藏车等。人们可以根据需求来选择经济、有效的运输工具和运输手段。汽车运输与铁路运输相比有搬运次数少，损耗低，且在运输量较小、距离较近时，运输成本相对较低等优点；汽车运输的缺点是在远距离运输时所需时间相对较长，运输的量相对有限，运输成本较铁路运输高。

（2）火车运输　火车运输可以分为两种方式：一种是配备有专门的冷藏集装箱，另一种是利用客车厢或邮政车厢来运输。采用冷藏集装箱运输，除运输中难以避免的振动外，温度和湿度都相对稳定，只要冷藏集装箱调控性能好，能够得到理想的运输效果。火车运输的优点是振动较汽车小，物理损伤小，运输量大，运输距离长，运输成本低。不方便之处在于需要汽车作辅助运输手段，需要多次搬运，难免产生更多损耗。

2. 海路运输　海路运输又称海运，多采用冷藏集装箱。海面温度和湿度都相对稳定，船在海里航行又几乎没有引起产品生理反应的大的振动，在有性能良好的冷藏集装箱时，海运应当是理想的运输方式。海运成本最低，适合于重量型、附加价值较低的产品的远距离运输；对重量型切花产品，如目前由中国出口日本的菊花多采用海运。但是，海运的问题在于首先必须有海路，运输时间又长，同时必须以公路作为辅助，因此海运受到了极大的限制。

3. 航空运输　切花产品对鲜度和时令性要求很高，其中的大多数又允许有较高的附加价值，航空运输便成为远距离运输的一个基本手段。航空运输通常能够在1天内完成，大多不需要专门的冷藏设施设备。航空运输的最大优点是运输速度快，破损、丢失、偷盗等事故少，通常可以节省用于特殊包装、保管、保险和库存等的费用。航空运输的缺点是运输费用高，运输量相对火车和轮船小，同样存在以公路运输作为辅助运输手段的问题。

以上各种运输工具在振动，温、湿度变化以及微环境空气组成等方面的情况都不尽相同，各有优缺。人们在选择运输方式时，需要以提高经济效益为目的，具体问题具体分析。

三、切花贮藏

（一）影响切花贮藏品质的因子

1. 内因　切花自身的品质是决定贮藏取得成功的首要条件。一是产品不能有病虫害感染，因为贮藏库中贮存了大量的产品，病虫害扩散会造成巨大损失；二是产品不能受到机械损伤，机械损伤容易产生微生物病害；三是切花自身的营养状况要优良，储备足够的水分和碳水化合物以供贮藏期间的呼吸消耗。

2. 外因

（1）温度　温度是切花贮藏的最重要因子。低温可以减少产品的呼吸消耗，降低病虫害的发生和扩散速度，降低有害气体如乙烯的积累，从而减缓产品的衰老，保持产品质量，延长贮藏期。贮藏温度要根据观赏植物低温忍耐特性、贮藏目的的不同而不同。切花一般的贮藏温度为0～5℃，亚热带或热带起源的切花贮藏温度不能低于13℃。

（2）湿度　湿度的高低与失水的大小成反比，湿度越低，失水越快。高湿环境容易滋生微生物，造成切花产品腐烂。大部分花卉产品贮藏空气相对湿度为85%～95%，蒸腾旺盛、极易失水的种类可采用空气相对湿度为98%，极易腐烂的产品有时采用空气相对湿度为60%，少数极易失水又耐腐烂的种类有时也采用100%的空气相对湿度。

(3) 光照　光照主要影响产品的光合作用。对于大多数切花，光照并没有明显影响其质量，在黑暗中能成功贮藏5～14天，而香石竹鲜切花甚至可以贮藏数月之久，但有一些鲜切花如百合、菊花等黑暗贮藏时间过长，叶片易出现黄化，可补光（约1 000勒克斯）或用保鲜剂（含GA_3或6-BA）处理。

(4) 气体成分　影响切花贮藏的O_2、CO_2、乙烯等气体成分主要有两方面来源：一个是来自于大气，如燃气、废气等；另一个是来自植物器官代谢的产物，所有植物器官都可以产生。通常高CO_2、低O_2的环境较利于贮藏；乙烯是植物成熟和衰老激素，大部分花卉产品在乙烯气体中会加速衰老。花朵授粉、机械损伤、病虫害侵染以及高温、缺水等逆境都可以加快乙烯的产生。很多鲜切花，如香石竹等，对乙烯特别敏感，贮藏时要严防乙烯的积累。

(5) 空气流通　贮藏库中要有良好的通风，以保持均匀的温度和空气成分。通风良好的贮藏室，一个冷藏单元进、出口温差不应超过1℃，制冷机出风口和贮藏室空气温差不应超过5℃。在墙壁和包装之间、包装和包装之间应该留有适当的空间。

（二）切花贮藏方式

1. 普通冷藏　普通冷藏最重要的环境因子是温度，尤其是温度的稳定性。切花的普通冷藏包括湿藏与干藏。

(1) 湿藏　切花湿藏是指贮藏过程中将花材茎秆基部直接浸入水中，或者通过一些手段，如用湿棉球包扎茎基口处，以保持水分不断供给的贮藏方式。湿藏广泛应用于1～4周的短期贮藏。但湿藏占据冷库空间较大，比干藏温度（0℃左右）略高，多保持在3～4℃，营养物质消耗、花蕾发育和老化过程较快。

(2) 干藏　干藏是将鲜切花直接放入包装箱内贮藏，其优点

是贮藏操作比较方便，耗能少，在贮藏时节省空间，因此被广泛采用。贮藏期长、节省冷库空间是干藏的优点，但是如何防止水分损失导致的切花品质下降是其难点所在。

此外，对重力很敏感的切花，如唐菖蒲和金鱼草，应垂直贮放，如果水平放置，容易产生向地性弯曲，从而影响切花质量。

2. 减压贮藏　又名低压贮藏，是美国 1960 年开发的低温、低压环境下的一种贮藏方法。是指在密闭的低温贮藏库内，用真空泵不断排气减压，同时将少量加湿的空气不断导入，一直保持库内低气压的贮藏方法。

因低压可促进组织乙烯等有害气体向外扩散，所以减压贮藏是以减少呼吸消耗，避免有害气体如乙烯积累所造成的伤害来延长切花寿命的。实验证明，将气压降低到标准大气压之下，可延缓贮存室内切花的衰老过程，与常压下相比，其寿命延长很多。如唐菖蒲在常压 0℃下，可存放 7～8 天，而在 7 999.32 帕下，贮藏在－2～1.7℃条件下可存放 30 天；月季在夏季常温常压条件下只能存放 4 天，在 5 332.88 帕汞柱、0℃条件下则可保鲜 42 天；康乃馨在常压 0℃时贮存 3 周，在低压下可贮存 8 周。

由于气压下降，水分容易丧失，所以必须用加湿设备进行加湿，使空气相对湿度维持在 95%以上。而考虑到高湿会加重微生物病害，故还应与消毒防腐剂配合使用。整套设备包括真空泵、真空缸、真空计、真空调节器、加湿器等。可见，安装减压贮藏系统的高成本是其广泛应用的限制因子，但其在预冷迅速降温和长距离运输有潜在应用价值。

3. 气调贮藏　气调贮藏又称气体调节贮藏或 CA 贮藏，是通过精确控制气体成分来保证贮藏品质的贮藏方式。结合低温环境，通过增加二氧化碳同时降低氧气和去除有害气体的方法来减缓切花组织中营养物质的消耗、抑制乙烯的产生和作用、限制微生物的发生，从而使切花产品代谢过程减慢，延缓衰老。CA 装置包括气调库和气调设备。气调库必须具备两方面的性能：良好的隔热性和气密性。气调库的保温材料和设施与一般的冷藏库一样，不同的是还要加设与库外空气相隔的气密层。目前常用的材料是发泡聚氨酯（polyurethane）。气调设备是创造气调环境条件的主要手段，用于维持适宜的 O_2 和 CO_2 的浓度比。

4. 薄膜包装贮藏　薄膜包装贮藏又称自发气调贮藏或限气贮藏，是指利用薄膜密封包装并通过贮藏产品本身的呼吸所形成的气体条件进行贮藏的技术措施。其原理是根据产品的生理特性，选用一定渗透系数的薄膜将贮藏产品密封包装，通过产品的呼吸形成低 O_2、高 CO_2 气体条件，由于产品的呼吸作用和薄膜的渗透作用最后达到相对稳定的动态平衡，在此动态平衡状态下的气体浓度正是该产品的气调贮藏条件。薄膜包装贮藏成本低，使用方便，袋装法在运输中也可以用。

第四节　切花保鲜剂处理技术

切花保鲜剂是指用以调节切花生理生化代谢，达到人为调节切花开花和衰老进程、减少流通损耗、提高流通质量等目的的化学药剂。

虽然化学保鲜剂具有显著的保鲜效果，但不同的切花种类甚至于某些同一种类的不同品种，都会要求不同的保鲜剂，某种保鲜剂对一种切花具有保鲜作用，而对另一种切花则可能会造成毒害作用，迄今为止世界上还没有一种适用于所有切花的万能保鲜剂。

一、保鲜剂的成分

根据用途，切花保鲜剂可以分为：一般保鲜液、水合液、脉冲液、STS 脉冲液、花蕾开放液和瓶插保持液等。大部分商业性保鲜剂都含有水、乙烯抑制剂、杀菌剂、碳水化合物、生长调

节剂等。

1. 水　水是切花保鲜剂中最重要也是基本的成分。水中的含盐量、水中特殊离子的存在和水的 pH 都会对瓶插寿命造成影响。自来水对切花保鲜是不利的，它与保鲜剂中的其他有效成分发生沉淀反应等，削弱保鲜物质的作用和引起溶液混浊。一般使用无离子水或纯净水，有利于完全溶解保鲜剂中各种化学成分，且可使保鲜剂活性较稳定，并不含或含少量气泡。通常采取简便经济的做法——把自来水烧开后晾凉后使用。水温在 38～40℃可促进切花水分吸收，因为热水在导管中移动比冷水快。

2. 乙烯抑制剂　乙烯是鲜切花衰老过程中最为重要的植物激素，与鲜切花衰老的关系极为密切。鲜切花衰老的最初反应之一是自动催化产生乙烯，而产生的乙烯又进一步促进衰老并导致鲜切花最终凋萎变质。过高浓度的乙烯，会使鲜切花出现各种各样的衰败症状或中毒症状，如花朵畸形、老化、不开放、叶片黄化脱落、花瓣变色、卷曲、脱落等，使鲜切花丧失商品价值。

不同种类切花对乙烯的敏感程度不一样，根据其敏感性的不同一般把切花分为敏感型和不敏感型。将敏感型切花暴露于 1～3 毫升/升的乙烯大气中 24 小时就受到伤害。对乙烯不太敏感的切花如火鹤花、天门冬可以抵抗 10～100 毫升/升以上的乙烯。乙烯毒害较轻时表现为花朵老化稍加快，如菊花、非洲菊；或花朵变蓝或变红，如玫瑰、天竺葵和麝香石竹。毒害严重时表现为花蕾不开放，花瓣畸形或枯萎，甚至落花落叶。

由于乙烯是促进敏感型切花衰老的主要物质，抑制乙烯合成及其作用成为切花保鲜的重要措施。因此很多抑制内源乙烯生成、较少外源乙烯存在的化学药剂被添加到切花保鲜剂中。它们主要分为乙烯合成抑制剂、乙烯作用抑制剂、乙烯清洁剂等类型。

（1）乙烯合成抑制剂

①吡哆醛抑制剂。在乙烯生物合成途径中，由 SAM 形成

ACC需ACC合成酶催化，因为ACC合成酶是以吡哆醛为辅基，故吡哆醛抑制剂也是ACC合成酶的抑制剂，进而抑制乙烯的生物合成。吡哆醛抑制剂有两类：一类是乙烯基甘氨酸类似物，如氨基乙氧基乙烯基甘氨酸（AVG）、甲氨基乙烯基甘氨酸（MVG），因为价格昂贵，主要是科研上用；另一类是羟胺类似物，如氨基氧代乙酸（AOA）。

②乙烯结构类似物。乙烯结构类似物的存在相当于增加了乙烯生成化学反应中产物乙烯的浓度，因此可以抑制乙烯的生成，如2，5-降冰片二烯（2，5-NBD）、CO_2、乙醇、二硝基苯烯（DNP）、顺式丙烯基磷酸（PPOH）。

（2）乙烯作用抑制剂

①STS和硫酸银。为乙烯受体抑制剂，是延缓或防止衰老最有效的药物之一。实验结果表明，STS处理香石竹、满天星、勿忘我，能够推迟膜透性增加的到来，同时抑制膜流动性和ATPase活性的降低。除STS外，常用药剂还有硫酸银，但硫酸银毒性大，且Ag^+易与组织上带负电荷的部分结合，致使Ag^+的作用被屏蔽。

STS是目前花卉业广泛使用的一类乙烯抑制剂，生理毒性比硝酸银低，在植物体内移动性好，易于从花茎移至花冠，对花朵内乙烯合成有高效的抑制作用，且不易被固定，有效延长多种切花的瓶插寿命。由于STS易分解失效，在切花保鲜过程中应即配即用，且需放在棕色玻璃瓶或暗色塑料容器内避光放置。

②1-MCP（1-甲基环丙烯）。1-MCP是一种新型、高效、低毒的乙烯抑制剂，对切花内、外源乙烯均有拮抗作用。1-MCP比STS更安全和易于使用，被认为是STS的理想替代物，为提高切花采后寿命提供了一种新的保鲜剂。

1-MCP在切花采后处理过程中均能使用，但越早使用效果越好。通常1-MCP的使用浓度是1毫克/千克，处理过程不受时间和温度的限制。

(3) 乙烯清除剂　市场上销售的乙烯清除剂有很多，根据它们的理化性质，可以划分为物理吸附剂和化学反应剂两大类。

①物理吸附剂。约占市场销售品的一半，具有较多的微细孔道，表面积大的材料都可以选用。如活性炭、矿物粉、具有分子筛孔的合成树脂等。这些吸附剂的表面具有许多孔口和表面层，气态的乙烯与之相碰撞时便会被吸附在上面，但这种吸附并非永久性的吸附，乙烯很容易逸脱再回到环境中与组织接触，即吸附速度与逸脱速度相等时达到饱和状态。

②化学反应剂。常用的有高锰酸钾，二氧化氯等。其中高锰酸钾应用最多，一般与碱（常用三氧化二铝）混合制成保鲜剂在市面上销售，这种制剂虽不因沾水而降低去除能力，但有爆炸的危险，且毒性较强，操作时要十分谨慎。此外，还可以将高锰酸钾溶液吸附在纱布、棉花、蛭石等物体上后再使用。锰对环境造成污染，因此使用完毕应注意回收，妥善处理。

3. 杀菌剂　在花瓶水中生长的微生物细菌、酵母和霉菌大量繁殖后会阻塞花茎导管，使切花吸水困难的同时还产生乙烯和其他有毒物质而加速切花衰老，缩短切花寿命。细菌还会增加切花在贮藏期对低温的敏感性作用。当保鲜液溶液中细菌浓度达到 3×10^9 个/毫升时，鲜切花在 1 小时内就开始出现萎蔫。因此，在保鲜液中要加入杀菌剂以控制微生物的生长。常用的杀菌剂有：

(1) 8-羟基喹啉盐类　是一种广谱型杀菌剂，易与金属离子结合，夺走细菌内的铁离子和铜离子。该物质可以从茎基切口处溶解到瓶插液中的鞣质失活，抑制细菌的生长，防止导管堵塞。同时它还可以降低水的 pH，促进花材吸水，降低气孔开放度以减小蒸腾强度。此外，还可以抑制乙烯的生成。常用的有羟基喹啉硫酸盐（HQS）和羟基喹啉柠檬酸盐（HQC），应用质量分数为 200～600 毫克/升。但 8-羟基喹啉盐类在一些切花中引起负作用，如它造成菊花，丝石竹、茼蒿菊叶片烧伤和花茎褐化，所以需谨慎使用。

(2) 季胺化合物　比 8-羟基喹啉盐稳定、持久，一般对花材不产生毒害，作为杀菌剂被广泛应用，尤其在自来水或硬水中应用更为有利。

(3) 噻苯咪唑（thiabendazole，TBZ）　是一种广谱型杀真菌剂。常以 300 毫克/升的质量分数与 8-羟基喹啉盐配合使用。TBZ 在水中溶解度很低，可用乙醇等先进行溶解。TBZ 还表现类似细胞激动素的作用，可以延缓乙烯释放，降低香石竹对乙烯的敏感性。

(4) 银盐　是一种广谱杀菌剂，低浓度（10～50 毫克/千克）硝酸银或醋酸银（以前者为主）用于瓶插液中，高浓度（1 000～1 500 毫克/千克）用于贮运茎端浸渗 5～10 分钟。硝酸银在花茎中移动性很差，只附着茎端组织上。

(5) 硫酸铝　是另一种广谱杀菌剂。原理是铝离子的杀菌作用外，还可使溶液酸化抑制细菌生长，稳定切花组织中的花色素苷。除了铝离子的杀菌作用外，硫酸铝能使保鲜液酸化，减少细菌生长，促进切花水分平衡。使用 200～300 毫克/升的硫酸铝对防止月季弯茎、唐菖蒲保鲜有效。

4. 碳水化合物　碳水化合物是切花的主要营养源和能量来源，它能维持离开母株后的切花所有生理生化过程。它可调节细胞水分平衡和渗透势，增进鲜切花的水分平衡，保持切花花色鲜艳。蔗糖是保鲜剂中使用最广泛的碳水化合物之一，其他代谢糖如葡萄糖和果糖也有同样的效果，乳糖和麦芽糖只在低浓度时才起作用，非代谢糖如甘露糖醇和甘露糖则不起作用。

糖的适宜浓度因处理目的和切花种类而异，一般而言，短时间浸泡处理所用的预处液糖浓度相对较高，长时间连续处理所用的瓶插液浓度相对较低，催花液则介于二者之间，在瓶插液、催花液、脉冲液中蔗糖浓度依次为 0.5%～2%、2%～10%、10%～20%。糖浓度过高会导致叶片和花瓣受损伤，表

现为边缘焦化等症状，其中叶片更敏感。值得注意的是，糖保鲜液必须与杀菌剂一起使用，以避免微生物繁殖过多引起花茎导管的阻塞。

5. 植物生长调节物质　生长调节剂用于花卉保鲜剂中，它们包括人工合成的生长激素和阻止内源激素作用的一些化合物，既可单独使用又可与其他成分混合使用。主要包括细胞分裂素类（BA、ZT）、赤霉素类、生长延缓剂或抑制剂类、青鲜素及多胺等物质，其中 6-BA（5～50 毫克/升）、GA_3（10～50 毫克/升）、B_9（100～600 毫克/升）常被用到。油菜素内酯 BR（一种甾醇类激素）具有细胞分裂素的效应，10^{-3}～10^{-2} 毫克/升可延长唐菖蒲的瓶插寿命，但 10^{-5} 毫克/升则促进衰老。人工合成类似物表油菜素内酯可以用于月季保鲜。植酸对月季、芍药、美人蕉等均有良好的保鲜效果，ABA 可以促进气孔关闭，降低蒸腾，从而减少失水和延缓衰老，但因它又是很强的生长抑制剂和衰老诱发因子，使用不当则适得其反。

6. 其他延缓切花衰老的物质

（1）有机酸　用于保鲜液的有机酸有柠檬酸及其盐、山梨酸、水杨酸、阿司匹林、苯酚、异抗坏血酸、酒石酸和苯甲酸，其中应用最广泛的是柠檬酸。有机酸的作用是降低水溶液的 pH，促进花茎水分吸收和平衡，减少花茎的阻塞。

（2）无机盐类　一些盐类，如钾盐、钙盐、镍盐、铜盐、锌盐、硼盐等常用于切花保鲜液中，这些无机盐能抑制水溶液中微生物的活动，增加溶液的渗透压和切花花瓣细胞的膨压，有利于保持切花的水分平衡，延缓切花的衰老过程，不同种类的盐对不同种类的切花保鲜效果有所差别。钙盐和钾盐混合可防止香石竹的软茎及弯茎现象，硫酸铝常被用于月季、唐菖蒲等花的保鲜液中，铝盐能促使气孔关闭，降低蒸腾作用，从而有利于维持水分的平衡。

（3）衰老延缓剂　a-氨基异丁酸（AIB）（≥5 摩尔/升）

单独使用或与 20 克/升蔗糖混合使用脉冲处理代代花 24 小时或 60 毫摩尔 AIB 脉冲处理香石竹 21～24 小时，都延长了瓶插寿命。溶血磷脂乙胺醇 LPE 是目前最有效的天然切花衰老延缓剂，25 毫克/升 LPE 脉冲处理金鱼草，瓶插寿命延长了 2～3 倍。

(4) 表面活性剂　为了帮助切花充分吸水和水合作用，常在保鲜剂中添加表面活性剂，据报道，阴离子型高级醇类和非离子型聚氧乙烯月桂醚最为有效。另外，吐温-20（浓度 0.01%～0.10%）、中性洗衣粉等也有使用。

以上总结了曾作为花卉保鲜剂成分的各种化合物的作用和研究情况。实际生产中使用的切花保鲜剂多数是由两种以上的化学物质组合而成，绝大多数含有蔗糖和杀菌剂。由于切花开花与衰老的机理复杂多样，任何一种保鲜剂很难适用于所有切花，甚至同一种保鲜剂在同种切花的不同品种上表现的作用也有可能不同，所以，新型的切花保鲜剂不断涌现，使有些切花保鲜剂更加专业化，有些则更具有通用性。

二、保鲜剂处理方法

1. 吸水处理　吸水处理的目的是在切花采后处理过程或贮藏运输过程发生不同程度失水时，用水分饱和方法使萎蔫的切花恢复细胞膨压。

具体的处理方法是：先配制含有杀菌剂和柠檬酸（但不加糖）的溶液，pH 为 4.5～5.0，并加入浓度为 0.01%～0.10% 的吐温-20，装入塑料容器中，先在室温下把切花茎在 38～40℃ 热水中呈斜面剪切，然后转移到同一温度下的上述溶液中浸泡几小时，溶液深度 10～15 厘米，再将切花和溶液一同放入冷库过夜贮藏，失水即可消除。

对于萎蔫较严重的切花，可先将整个切花淹没在溶液中，浸

泡1小时，然后，再进行上述步骤处理。对于具有硬化木质茎的切花，如菊花、非洲菊、紫丁香等，可将花茎末端在80～90℃热水中，烫30秒钟，再放入冷水中浸泡，有利于细胞膨压的恢复。

长途干运的切花，最普遍的症状是花瓣失去膨压，亦称花疲乏。当调理后，即可恢复膨压，并显示出良好的品质。若长途运输时，将花枝基部浸入水中，虽可以保持花的紧张度，但比干运时衰老得更快。

2. 茎端浸渗　为了防止切花茎端导管被微生物或茎自身腐烂引起的阻塞而吸水困难，可把茎末端浸在高浓度硝酸银溶液（约1 000毫克/千克）中5～10分钟，这一处理可延长紫菀、非洲菊、香石竹、唐菖蒲、菊花、金鱼草等切花的采后寿命。进行银茎端浸渗处理后，可马上进行糖液脉冲处理，也可过若干天后处理。

3. 脉冲处理　把花茎下部置于含有较高浓度的糖和杀菌剂溶液（又称脉冲液）中数小时至2天为切花补充外来糖源，以延长随后在水中的瓶插寿命，称为脉冲或填充处理。这种处理在运输前进行，一般由栽培者，运货商或批发商完成。脉冲处理是一项非常重要的采后处理工作措施，能影响切花的整个货运寿命。脉冲处理的主要目的是补充糖分以延长切花的寿命，并对促进花朵开放、保持花瓣颜色、增进品质都有良好的效果。脉冲液的主要成分蔗糖的浓度高出一般瓶插保持液蔗糖浓度的数倍。其最适浓度因种而异，如唐菖蒲、非洲菊和独尾属植物，用20%或更高的浓度，香石竹、鹤望兰和丝石竹用10%浓度，月季、菊花用5%～10%浓度。目前，主要的切花都有专门的预处液。在脉冲处理时，温度过高，会引起月季花蕾开放，因此，采用在20℃下脉冲处理3～4小时，又转至冷室中再处理12～16小时为好。脉冲处理的时间、温度和蔗糖浓度之间又相互作用，若脉冲时间短些温度高些，那么蔗糖浓度宜高些。

脉冲处理对延长切花寿命有很高的价值，它促进切花花蕾开放更快，显色更佳，花瓣更大，对多种切花（如唐菖蒲、微型香石竹、标准香石竹、菊花、月季、丝石竹、鹤望兰等）都有显著效果。脉冲处理对于计划进行长期贮藏或远距离运输的切花具有更重要的作用。

STS 脉冲用硫代替硫酸银（STS）对一些切花进行脉冲处理，可有效抑制切花中的乙烯的产生和作用。对乙烯敏感的切花（如香石竹、六出花、百合、金鱼草和香豌豆），在进入国际市场之前用 STS 处理效果最好。STS 脉冲处理方法：先调配好 STS 溶液（浓度 0.20～0.40 毫摩尔/升），把花茎端插入，一般在 20℃以下处理 20 分钟，香石竹处理后瓶插寿命比对照延长 8～9 天。针对不同切花种类，品种以及计划贮藏期，STS 脉冲时间可以有所不同。如切花准备长期贮藏或远距离运输，STS 溶液中应加糖。

4. 催花处理　是切花采后通过人工技术处理促使花蕾开放的方法。花蕾开放液一般含有 1.5%～2.0%的蔗糖、200 毫克/升杀菌剂，75～100 毫克/升有机酸。在室温高湿条件下将花蕾切花插在开放液中处理若干天，花蕾开放后应转置于较低室温下存放。

5. 瓶插保持液　即通常所说的保鲜液，是指零售店在切花出售之前，或者消费者切花瓶插观赏期所使用的保鲜液。瓶插液所用成分的浓度一般低于预处液和催花液，且瓶插液的成分要求无毒副作用，因为瓶插花技不可避免会与人的皮肤接触。

瓶插液的配方极为繁多，它一般含有糖、杀菌剂和有机酸。其中，糖浓度较低（0.5%～1.0%），著名的通用配方有：

（1）美国康奈尔配方　5%蔗糖＋200 毫克/升 8-羟基喹啉柠檬酸盐＋50 毫克/升醋酸银。

（2）加拿大渥太华配方　100 毫克/升异抗坏血酸＋4%蔗糖＋50 毫克/升 8-羟基喹啉硫酸盐。

第五节　切花病虫害控制

种植者、出口商和批发商还应充分了解目标市场对病虫害允许携带率的具体要求。例如大多数的出口市场不允许切花带有任何病虫，日本市场则要求不带有活的虫体。另外，出口商还必须注意切花进口国的检疫要求。

为了防止病虫害对切花的影响、控制切花采后病虫害的为害，应当做到：

①当贮藏库里无切花时，应予以彻底清扫。墙壁、地板、贮藏架、容器和水槽等应用水和洗涤剂洗刷，除去灰尘和霉菌。然后库内喷洒消毒溶液，如：次氯酸钠、石灰水等，清库后晾干备用。

②对病虫害感染的切花，将切花茎插入含有内吸作用杀菌剂、杀虫剂的药液中，依靠传导作用，杀死叶、花上的病虫害。也可用溴甲烷在18～23℃下，每立方米用量30克，熏蒸1.5小时，杀死蓟马和鳞翅目幼虫。

③低剂量的γ-射线（100～150戈）处理切花可以杀死部分害虫和螨类。真菌性病害尤其是灰霉病，常使叶、花瓣上面布满斑点，影响切花外观品质。防止灰霉病的药剂有异丙定、杀菌剂、烯菌酮等。如切花表面干燥。采后迅速预冷和保持恒定低温的方法可以抑制灰霉病的发展。

④若鲜切花为出口销售，一般需进行熏蒸处理。熏蒸处理最好在包装前进行，这样包装时可将熏蒸后已死的害虫抖掉。熏蒸后的切花最好在防虫密闭包装间内进行包装，以免害虫再次侵染切花。目前生产上用于熏蒸处理的药品主要为溴甲烷，由于其毒性较大，使用时要特别小心，目前已有相关单位正在积极开发其替代产品。各种花卉熏蒸处理时，其处理时间和药物处理的浓度都不同。

第六节　切花零售商的处理技术

切花零售商主要采用再硬化处理、保鲜剂处理以及适当的环境因素控制三方面的技术来保证切花的采后质量，下面就从这三方面来对切花零售商的技术控制进行介绍。

一、再硬化处理

当零售商收到切花后，应立即解开包装，如果切花在正常的气温下运输，打开包装后只需把切花插入水中或保鲜剂中；若切花是冷链运输的，那么首先应当检查切花有无低温伤害，挑拣未受冷害的切花先放于 5～10℃的冷室中 12～24 小时，然后再转至较高温度下解开包装，这种处理方法可防止温度的剧烈变化，帮助切花从轻微的伤害中恢复过来。

包装打开后，应把切花放在特殊设计的架子上，防止过于拥挤，及时将切花茎下部叶片去除，防止在瓶插过程中叶片在水中腐烂；外围的花瓣若有伤害，应仔细剔除，花茎末端剪去 2～3 厘米，切口剪成斜面，以增加茎表面与水之间的接触面，进一步促进切花对水分的吸收。同时，切花剪后要立即转入水中或保鲜液中，茎切面亦可在水中剪切，以防空气进入导管形成气栓，但此方法比较费工，一般只用于过于萎蔫的切花。

切花应根据种类、等级放置于瓶插容器中，不同种及品种和不同来源的切花亦应分开放置，所有的花茎均应置于水中，插水深度达数厘米，不要过深，因没入水中的茎段易于腐烂，如果切花只是放在水中，则需每天换水，亦应每天再剪切。所有的花瓶或瓶插容器在放置新切花前，均应消毒和洗净，大型的零售商最好装备冷室，以把切花短期贮存于低温下。

二、保鲜剂处理

对零售商来说，最好是购买已被栽培者、集货商或批发商保鲜剂处理过的切花，并且在零售前，最好使用商业性的花卉瓶插保鲜液，严格按照说明书来处理切花，以尽可能地延长切花的瓶插寿命和观赏品质。除非特别要用去离子水，一般商业性保鲜剂可用自来水溶解，特别要注意的，在配置含银盐的保鲜剂时，要用去离子水和蒸馏水溶解，指明在使用保鲜液时不需要每天更换保鲜液，只有当溶液混浊或量太少时，才需更换新的保鲜液，而且由于某些保鲜剂会引起花茎褐化，因此花茎入水的深度勿超过5～7厘米，同时在瓶插花束时，应将褐化的茎端剪除。

三、环境因素的控制

主要从温度、湿度、光照和乙烯四个方面来进行控制，首先在温度的控制上，除了热带起源的切花，大多数切花应贮存于花店的冷室中，温度以4～5℃为宜，且切花勿放置于干热空气、隔热的空间或靠近窗口，尽量避免阳光直射，为了降低温度，可适当使用遮光和冷却装置，在冬天的切花展示中，尤其是鹤望兰、火鹤和一品红等热带切花，要注意防止冷害及冻害。其次在湿度的控制上，当室内空气湿度低和温度高时，会加速切花的水分丧失，易引起萎蔫。空气流动过快也易加速萎蔫。因此，空气相对湿度最好稳定在90%左右，必要时可安装加温器。在光照的控制上，因直射光会增高植物体温，加快衰老和萎蔫，对切花的保鲜有害，而散射光经试验证明能减缓叶片黄化和脱落，延长瓶插寿命。试验证明，经红蓝混合光照射可以使切花的保鲜效果最佳，因此，切花瓶插室最好用能产生大量红光的日光灯进行照明。在乙烯的控制上，如前所述，气体中以乙烯对切花品质的影响最大，因此在瓶插过程中，应对贮存室进行适当的换气，并且远离塑料花、聚乙烯膜，果品和蔬菜等乙烯产生源。同时，老花、萎蔫花、受机械损伤和腐烂的植物材料由于会产生较多的乙烯，应及时给予清除。

第七节　切花消费者的处理技术

切花的消费者可主要通过剪切和水合处理、保鲜剂处理以及适当的环境因素控制三方面来保证切花的观赏品质，延长瓶插寿命，现在就从以下三方面来对切花消费者的技术控制进行介绍。

一、剪切和水合处理

应注意以下几点：

①使用清洁和锐利的切割工具（刀、修枝剪和小锯子）。

②在花蕾发育的最适时期切割。

③切花采收后立即放置于充满清水的干净容器内。

④用热水插花（用肘弯触水感觉到热为准）。

干净的花瓶和清洁的水对延长切花瓶插寿命很重要，花瓶在使用前应经过清洁剂的彻底洗刷，然后用热水漂净后再行使用。在切花插入花瓶之前，应将其茎基部剪去约 2 厘米，清除水平面以下的所有叶片，以防止叶片腐烂和微生物滋生。若所购买的切花表现出轻微的萎蔫时，可把这些切花淹没在盛水的水槽或水盆内 2～3 小时，使切花恢复膨胀压，花茎变硬实，花瓣和花朵重现新鲜状态。一些具硬实、木质花茎的切花，如月季、丁香、菊花、非洲菊可置于烫水中处理 60 秒，以延长瓶插寿命。翠雀属等花茎空心的切花，可用水灌满茎心，再用棉花塞

住口子。对于一些花茎截面会流出乳汁或无色液体的切花，如一品红，可用开水烫或火焰烧灼茎端，以防止流出的汁液堵塞导管。一些切花可在水下再剪切，以防止空气进入花茎的导管，阻碍水分吸收，适宜的切花有香石竹、中国紫菀、一年生菊花、常夏石竹、雏菊、万寿菊、月季、金鱼草、香豌豆和非洲紫罗兰等。

同时，在瓶插观赏的过程中，花瓶中的水应浅一些，以3～10厘米为宜，这可以减少茎的腐烂。每隔1～2天应剪去腐烂部分，花瓶中的水应用新鲜水置换，水温最好等同室温。

二、保鲜剂处理

当消费者要使用保鲜剂时，最好使用商业性的花卉瓶插保鲜液，并严格按照说明书使用，尤其是不要超过说明书建议的使用浓度，由于浓度过高会引起切花伤害，正确的使用才能有效地延长切花的瓶插寿命和观赏品质。此外，用于某一种或某一些切花的保鲜剂不要用在别的切花上，因为此类保鲜剂可能无效甚至于有害。同时配制保鲜剂的水必须保持清洁，并要使用干净的瓶插容器，使用保鲜剂时应避免采用金属的瓶插容器，因有些金属离子会钝化保鲜剂中的某些成分。

三、环境因素的控制

主要从温度、湿度、光照和乙烯四个方面来进行控制，首先在温度的控制上，应将花瓶或插花置于室内较冷位置，远离炉子、烘箱、散热器和其他发热装置，可以延长瓶插寿命，且夜间适当降低温度，有利于切花延迟衰老。其次在湿度的控制上，当空气湿度较高时，切花保持新鲜状态的时间会更长，若室内空气较干燥，应对切花每天或每隔一天喷雾或喷水，保证其周围有个潮湿的环境，且不要将花瓶置于室内风口或空气流动快的地方，避免因空气流动加速了切花的失水和萎蔫。在光照的控制上，不要将切花放置在过强光线直射的地方。在气体的控制上，因切花在清洁和新鲜的空气中能保持最好的观赏品质与瓶插寿命，所以切花在瓶插过程中，应放置在远离煤气炉、成熟的水果和吸烟区等乙烯产生的地方。

第八节　切花保鲜技术的新发展

一、立式含水包装运输保鲜系统

所谓立式含水包装运输保鲜系统，即是利用塑料容器内盛水或保鲜液，切花采收后立即插入容器中，在运输、拍卖及销售过程中一直插在水中或保鲜液中，有别于传统的运输过程中采用纸箱且有段时间必须离开水的运输方法。根据容器高度的不同，立式含水包装容器可分为 65 厘米、75 厘米和 85 厘米三种规格，旁边有通气孔帮助通气，侧边的 U 形边可插入硬纸隔板以保护花束不受挤压。容器内适当盛水量以 5～8 厘米为宜，不仅可以维持运输途中切花的需水量，也可减轻运输重量，降低成本。根据切花品质，立式含水包装容器适合运输一、二级切花，三、四级切花因寿命过短不适合其运输。不同种类的切花，立式含水包装容器的装载量不同，每箱约可装玫瑰 5 把（20 枝/把），非洲菊 25 把（10 枝/把），满天星 21～25 把。

目前，在荷兰等发达花卉国家，为了延长切花的瓶插寿命，立式含水包装运输保鲜系统已在玫瑰、小苍兰、百合水仙、郁金香、多花型康乃馨等花卉上进行了应用，延长切花寿命，并取得了一定的经济价值。在亚洲如日本、中国台湾地区等地，该保鲜技术在玫瑰、满天星、洋桔梗等花卉上也进行了试运用，虽然取得了较好的经济效益，但仍有不少的问题值得思考和探索。表

3-3 中列出了运用立式含水包装的优缺点：

表 3-3 立式含水包装的优缺点

优点	缺点
①运输期间切花能持续吸水，不会因缺水而造成花朵弯茎。	①因盛水而导致容器较纸箱重，不宜搬运。
②容器通风性好，不会出现因密闭包装而导致产生热堆积。	②目前仅适合易失水的切花种类，其他切花种类是否适合尚待研究。
③容器可回收利用，有利于生态环保	③容器清洁和消毒问题

二、花瓣叶绿素荧光快速检测技术

切花采后品质的检测主要通过两种方式：一种是通过检测花瓣内部发生的一系列生理生化变化，如水分代谢、蛋白质等大分子生命物质的逐渐降解、内源乙烯的快速生成等来判断切花是否出现凋萎现象，这种方法耗时长，所需的实验条件要求高，仅适合在实验室中小规模的试探性实验，且由于其破坏性，不适宜花卉拍卖市场的大规模批量检测；另一种是根据人为确定形态指标，直接对花卉拍卖市场的切花进行分级、拍卖、销售，这种方法误差较大，往往会因出现个别现象而影响整体切花的价格。

切花采后的衰老进程表现为叶片的褪绿、黄化、焦枯和花瓣的萎蔫与脱落，其中叶绿素降解是切花衰老的重要生理指标，叶绿素含量与衰老程度存在明显的负相关。花瓣作为切花最主要的观赏器官，也是切花最娇嫩、最容易衰败的部分。尽管花瓣中叶绿素含量较低，但植物荧光成像系统的利用，为通过检测花瓣荧光的强弱来评估切花品质提供了可能。

花瓣叶绿素荧光参数［chlorophyll fluorescence（CF，*F*v/*F*m)］快速检测技术：即将花朵放入带有摄像镜头的检测仪器，借助先进的植物荧光成像系统，快速检测花瓣中叶绿素含量的变化。由于该技术非破坏性、快速指示、一次投资后使用成本低的特点，为切花采收、流通及销售等环节快速质量检测评估提供了可能性，尤其是为切花贸易过程中质量快速检测、评估提供了有效的手段。

该技术主要是由花卉发达国家，如荷兰阿斯米尔花卉拍卖市场和荷兰瓦赫宁根大学进行研发。目前，该方法还处于小规模的实验阶段，尚未在拍卖市场中大规模应用。

三、现代基因工程技术

乙烯是引起鲜切花衰老的最主要的激素，特别是对乙烯敏感的康乃馨，若暴露于1～3毫克/千克浓度的乙烯大气中24小时就会受到伤害。因此，在传统鲜切花采收流程中，都要应用乙烯清除剂对鲜切花进行处理以来延长切花寿命。乙烯清除剂根据所起的作用不同可分为乙烯拮抗剂、乙烯抑制剂和乙烯清洁剂三种类型，但这些都主要是集中于控制乙烯的生成与释放。

现代基因工程技术，特别是新兴的反义RNA技术的介入，为切花保鲜提供了新思路和新的技术方法，通过从基因水平上控制和抑制乙烯的合成和释放，从而有效地延长切花寿命。国内外的研究证明，乙烯合成的增加，与ACC合成酶（ACS）、ACC氧化酶（ACO）中mRNA表达的提高有关，如果利用反义RNA技术、基因工程等技术，抑制编码这两种酶的基因表达，就能减少乙烯合成，从而延缓植物衰老。

在已知香石竹切花ACO、ACS编码的基础上，Keith等通过导入ACO的cDNA获得香石竹转基因植株。乙烯含量检测结果表明，含有反义ACO基因的香石竹植株的乙烯生成被大大抑制，并显著延缓了花瓣的衰老。Cheng等用同样的方法，在香石竹中导入乙烯受体基因（RhETR）的cDNA，也有效延缓了香

石竹花瓣的衰老。GubriumE. K.、Margrethe Serek 等人利用特异启动子（CaMV35S）的作用，将 etr1-1 突变基因分别转入矮牵牛、风铃花和长寿花中以降低其对乙烯的敏感性，有效地延长了花期 3～5 倍。可见，通过转基因技术可以有效地调控花朵衰老进程，是目前鲜切花保鲜技术前景较为广阔的途径之一。现在存在的主要问题是如果这些转基因的花卉对乙烯敏感，那么即使减少了切花体内乙烯的生成，仍避免不了外源乙烯的影响，因此如何降低或消除乙烯的敏感性是今后值得重点研究的问题。

四、神经网络模型预测技术

鲜切花在采收后往往要按照一定的质量标准或客户的特殊要求，将其归入不同等级。目前不是所有切花产品都有质量等级或标准，且各国标准也不尽相同。切花分级一般依据如：茎秆长度和粗度、茎秆直立度、花和叶的颜色、花朵成熟度、花形以及有无病虫害和缺陷等外在特征，而切花的内在质量，如切花的持久性、瓶插寿命等却并没有被纳入切花分级标准之内。在花卉拍卖市场或花卉零售过程中，切花生活力（即瓶插寿命）是向消费者保证切花品质的一个重要的方面。

神经网络模型（neural network models，简称 NN 模型）是一种预测切花瓶插寿命的新型模型。即通过特定的计算机程序输入相应的实验参数，模拟人脑的生物神经过程，制订一个可以使用的预测公式。Byung-ChunIn 等人通过对切花月季品种麻美红，新娘粉红和索尼娅的采前环境参数的观察和收获的形态及生理参数的测定，构建反向传统训练模型，对其瓶插寿命进行预测值和观测值的比较，结果证明该神经网络模型的预测比传统的瓶插寿命的统计方法好，是一种来预测和保证切花瓶插寿命质量的先进技术。

五、新型保鲜剂S-香芹酮

插在水中的切花也会产生水分胁迫的问题，花茎水分吸收和运输堵塞是插在水中的切花不能获得充足水分的主要原因，而微生物及茎基切口创伤反应是导致切花茎端及木质部堵塞的主要原因，因此传统切花保鲜液通常含有杀菌剂、尤其是茎基消毒剂以抑制病原菌对切花茎基切口的腐败，促进切花水分吸收。

S-香芹酮，是一种单萜类物质，最初于2006年在香芹和莳萝的种子中被发现。在植物组织培养中，当添加外源S-香芹酮时，能防止或降低植物愈伤化合物合成的速度，如降低软木脂的合成，并产生一定的抗菌效果。Damunupolaa J. W. 等通过向银桦、岗松、风蜡花等切花瓶插液中添加不同浓度的S-香芹酮发现，S-香芹酮能明显增加切花鲜重、水分吸收、延长瓶插寿命，并抑制切花茎切口处的伤口愈合，分析可能是S-香芹酮通过抑制这些切花切口的愈伤反应及病原菌促进花枝的水分吸收和运输，但S-香芹酮对绒毛相思、菊花切花却没有明显的效果，可能是后者花枝水分吸收及运输堵塞因子不同的原因。

□□□□□□□□□□□□□□□□□□□ 第四章

主要切花综合保鲜技术

一、二年生切花

(一) 百日草

学名: *Zinnia elegans*

英文名: zinnia、youth-and-old-age

百日草为菊科百日草属一年生草本植物，又称百日菊、步步登高、步步高、火球花、秋罗、五色梅、对叶菊、鱼尾菊，其品种类型很多，喜温暖、不耐寒、怕酷暑、性强健、耐干旱、耐瘠薄、花大色艳，开花早，花期长，株型美观，是常见的花坛、花境材料，也可盆栽及丛植和切花（高秆品种适合做切花生产）。我国目前重要的露地草本花卉之一，每年国庆节期间的花坛、摆花及花境用花量最大。

1. 采后流通中的主要问题　百日草的舌状花在开放后平展，受到挤压容易出现皱褶。

2. 切花分级、包装　可将所采收的成品在预冷后进行分级，每 10 枝一束进行捆绑码入箱内。在操作时应该注意不要挤压花瓣，以免使其皱折。

通常采用45厘米×30厘米×20厘米的衬膜瓦棱纸箱进行包装。注意衬膜、瓦棱纸箱上要设置透气孔。

3. 贮藏技术　百日草切花以干藏为主。将包装好的成品，立即置于空气相对湿度为90%～95%的环境中进行贮藏，存放地点不需要光照，贮藏温度为2～5℃。

4. 保鲜剂处理技术　50毫克/升的柠檬酸+1.5克/升的蔗糖或200毫克/升8-羟基喹啉柠檬酸盐+1%蔗糖溶液。

5. 零售商和消费者的处理方法

①在室内展示时应提供尽可能高的光照度在1 100勒克斯光照下，花朵褪色很快。在室外展示要适当遮光。

②植株叶片病害要严格控制，注意较早进行喷药保护。

③百日草不能低温，要避免10℃以下的温度。

④百日草非常耐热，可种植在当阳处。

⑤及时去除褪色花朵和病叶。

（二）太阳花

学名： *Helianthus annuus*

英文名： sunflower

太阳花为菊科向日葵属一年生草本植物。太阳花又称朝阳花、转日莲、向阳花、望日莲，夏季开花，花序边缘生黄色的舌状花，不结实。

1. 采后流通中的主要问题　采收太早，花瓣不能正常开展；运输途中发热，叶片黄化；花瓣褐变；花瓣过度展开，易脱落。

2. 采收标准　舌状花瓣基本长成，但未充分展开。采摘工作适宜在清晨或傍晚气温低

时进行。

采切时用锋利的剪刀斜面剪切，避免压碎茎组织，否则会引起微生物感染组织从而阻塞导管，采收花茎的部位要尽可能靠近基部，以增加花茎的长度，剪下后要首先清除收获过程中的杂物，丢弃损伤、腐烂、病虫感染和畸形花，然后将采切下来的合格花枝，立即放入清水或保鲜液中，尽快放入包装间。

3. 贮藏技术　管状花开花后，贮藏中花粉容易被霉菌侵染，促进花朵霉烂。为了不损伤花瓣通常用聚乙烯帽子套装。

4. 运输技术　为了防止花朵受伤，通常采用圆锥形的聚乙烯包装，聚乙烯套装要求开孔，防止结露。通常10支一扎，用大的包装材料包装到一起。

5. 保鲜剂处理技术　在日本一般不采用保鲜剂处理，在荷兰采用保鲜剂处理，但其主要成分是杀菌剂。

6. 切花分级、包装　鲜切花按相关国家标准、行业标准或购买者要求进行分级整理后10枝捆为一束，包扎好。包扎时，只能在花茎基部捆扎，不能捆扎在花茎上部，以免弄断花头。每束用纸或玻璃纸进行包扎，并按规格贴上相应的标签。通常采用带孔的纸箱包装，包装箱上应清楚地标明种类、品种、等级和数量。

7. 批发商和消费者的处理方法　消费者买到太阳花切花后，应立即从包装箱中取出，斜剪茎基部1～2厘米，以便于切花更好地吸水，然后插于干净清水中或保鲜液中，以后每天换水防止细菌大量滋生堵塞导管，从而降低太阳花切花瓶插寿命。

（三）金鱼草

学名： *Antirrhinum majus*

英文名： snapdragon、dragon’s month

金鱼草为玄参科金鱼草属、多年生草本植物，又称龙头花、狮子花、龙口花、洋彩雀，株高20～70厘米，叶片长圆状披针形。总状花序，花冠筒状唇形，基部膨大成囊状，上唇直立、2

裂，下唇3裂，开展外曲，有白、淡红、深红、肉色、深黄、浅黄、黄橙等色。

金鱼草对乙烯敏感，它引发花瓣迅速脱落。老品种普遍对乙烯较敏感，一些新培育的品种对乙烯的损伤有一定的抗性。花茎对重力影响非常敏感，即使只在非垂直状况下保持几分钟，也会造成花茎的弯曲，显著降低切花品质。金鱼草在采切前被蜜蜂授粉，会引起花朵衰老，花瓣脱落，使切花不能出售。为了防止蜜蜂授粉，采切前有时需要用纱网覆盖金鱼草切花。

1. 采后流通中的主要问题　受乙烯影响，出现落花落蕾现象；花穗顶端的小花褪色；花穗顶部负向地性弯曲等。

2. 切花采收

①采收标准。用于本地消费的切花在1/2～2/3的花朵开放时采切，即在花茎上有10朵以上花开放。用于远距离运输的切花在1/3（即有5～7朵花）开放时采切。若准备使用保鲜剂，或作长期贮藏，切花可在2～3朵花蕾现色阶段采切。

②采收时间。采切时间宜在上午进行，而直接销售的金鱼草鲜切花，由于采切后容易失水，宜在清晨进行采切。清晨的切花含水量高、外表鲜艳、销售效果好。金鱼草切花在清晨采收香气更浓，且不易萎蔫。但是，清晨采收时，应注意避免遭受露水、雨水或其他水汽浸湿，保证在干燥中进行，以减少病害的侵染。如需贮运，则应在含水量较低的傍晚采收，以便于包装与预处理，且有利于保鲜贮运。

③采收方法。切花采收的工具一般用花剪，而金鱼草可用“割刀”。采切花茎的部位，应尽量使花茎长些。采收时，应轻拿

轻放，减少不必要的机械损伤。剪切时，最好斜面切割，以增加花茎的吸水面积。采收后，尽可能避免风吹日晒，以免造成切花衰老而失去观赏价值，应立即插入水中，防止萎蔫以免影响商品价值。

3. 贮藏技术　切花干贮（用纸包装或不包装）于0～2℃下3～4天，湿贮于水中1～2周。若包于塑料薄膜中，切花可减少失水，延长贮藏达10天以上。用杀菌剂处理防治灰霉菌后，把切花贮于保鲜液（proflovit - universal，everbloom，oasis）中，在0～2℃可贮藏4～8周。凡贮藏期超过4天，应先用杀菌剂处理，以抑制葡萄孢菌。用于长期贮藏的切花，应在2～3朵小花现时采切，贮后花茎应再剪切，并置以于清澈的水中，促使花蕾开放的最适宜环境温度20～23℃，空气相对湿度不低于85%，每天16小时光照。长期贮藏常引起花朵发育不良和褪色。

4. 运输技术　运输过程中切花应保持垂直，保水运输，短距离运输也应保持低温，暴露于高温下会造成严重损失。

5. 切花综合保鲜技术

①预冷。采用冷库预冷。直接把鲜切花放入冷库中，不进行包装，预冷结合保鲜液处理同时进行，使其温度降至4℃。该方法要求冷库有足够的制冷量，即冷空气以每分钟60～120米的流速循环。完成预冷后鲜切花应在冷库中包装起来，以防鲜切花温度回升。此法所需的预冷时间为几个小时，占据空间较大。

②保鲜液处理。金鱼草切花的瓶插保鲜可用1毫摩尔/升硫代硫酸银预处理20分钟后瓶插或直接插于4%蔗糖+50毫克/升8-羟基喹啉硫酸盐+1 000毫克/升异抗坏血酸或1.5%蔗糖+300毫克/升8-羟基喹啉柠檬酸盐+10毫克/升B_9等瓶插液中。

6. 切花分级、包装　切花根据花色、株高、花穗长度分级如下：

①特优级。花茎长度大于90厘米，花穗长度大于30厘米（每枝花朵数大于15）。

②特级。花茎76～90厘米，花穗25～30厘米（花朵数12～15朵）。

③一级。花茎60～75厘米，花穗20～25厘米（花朵数9～12朵）。

④二级。花茎40～60厘米，花穗15～20厘米（花朵数6～9朵）。

⑤切花每10～20枝一束，长穗部分用玻璃纸包好，装箱上市。金鱼草对乙烯敏感，有落花现象；用硫代硫酸银溶液处理可阻止小花脱落。

⑥由于金鱼草的花穗有向地性，因此包装、贮运时应直立放置，以免花茎弯曲。

7. 批发商、及消费者处理方法

①对花茎再剪切，然后立即转入pH3.5、温度38～43℃的清洁水合液中。

②保鲜剂预处理：把切花置于含有硫代硫酸银（STS）+2%蔗糖+8-羟基喹啉柠檬酸盐300毫克/升保鲜剂中，处理24～72小时，以延长瓶插寿命和改善品质。如先前曾用硫代硫酸银（STS）处理过，在零售环节不必再用。

③切花在水中能保持5～8天。金鱼草对乙烯和葡萄孢属真菌很敏感，因此常采用STS脉冲处理（1小时），有助于延长瓶插寿命。但因品种和处理方法上的差异，STS的有效性有所不同。花茎水平放置时易产生向上弯曲，因此在整个采后处理过程中，切花应垂直放置。切花在采后用生长素（如β萘乙酸、P-氯苯氧基乙酸和2,4,5-T）处理，浓度为1微摩尔/升，方式可浸蘸或花茎吸收，能防止弯茎发生。

(四) 紫罗兰

学名： *Matthiola incana*

英文名： violet

紫罗兰是十字花科紫罗兰属、多年生草本植物。紫罗兰又称

草桂花、春桃、草紫罗兰，叶子长圆形或倒披针形，花紫红色，也有淡红、淡黄或白色的，有香气。紫罗兰切花对乙烯极其敏感，需要用硫代硫酸银预处理液处理来减少损耗，同时注意空气流通。

1. 采后流通中的主要问题 因乙烯而使花瓣过早出现萎蔫、茎叶发生黄化；STS 预处液处理过度带来 STS 中毒，表现为叶片失绿；运输途中花序顶部出现弯曲，叶片出现脱落；复水时间过长时，容易带来花序徒长等。

2. 切花采收

(1) 采收标准 紫罗兰一般在花序上 1/2 的花朵开放时采切。采切时应避免日晒，温室栽培的可于傍晚从茎基部切取。重瓣 10 枝一束，单瓣 20 枝一束，使其充分吸水；然后全部用纸包装上市。切花最好在水中或保鲜液中运输，并注意保持垂直状态。紫罗兰切花湿贮于水中或保鲜液中，在 4℃下可贮藏 3～5 天，冷藏过久易丧失香味。应贮于黑暗中，避免花茎伸长。紫罗兰对硫代硫酸银预处理的反应特别好，用 0.5～1 毫摩尔/升的硫代硫酸银溶液预处理紫罗兰切花，可大大改善花的品质，延长切花寿命。

(2) 采收时间 花序下部 3～5 朵小花初开，1/3 小花花蕾显色时采收，适宜长距离运输；5 朵小花初开，1/2 小花花蕾显色时采收，适宜短距离运输或就近批发出售；若有 2/3 的小花初开应就近很快出售。采后立即放入保鲜液中，避免日晒。

(3) 采收方法 采切时用锋利的剪刀斜面剪切，避免压碎茎组织，否则会引起微生物感染组织从而阻塞导管，采收花茎的部位要尽可能靠近基部，以增加花茎的长度，剪下后要首先清除收

获过程中的杂物，丢弃损伤、腐烂、病虫感染和畸形花，然后将采切下来合格的紫罗兰，立即放入清水或保鲜液中，尽快放入包装间。

3. 切花分级、包装　清除收获过程中所带的杂物，丢掉损伤、腐烂、病虫感染和畸形花。然后根据目前我国已制定的切花、切叶、切枝等14种产品的国家标准、云南省鲜切花、切叶（枝）等级质量分级标准或购买者要求使用的分级标准进行分级。分级中要求鲜切花要边分级边放在装有清水或保鲜剂的容器中，每一个容器内只放置一种规格的产品，并在容器外清楚地标明品种、等级、数量等情况。

分级后的鲜切花要根据相关标准或购买者的要求按一定的数量捆成束，一般10枝捆为一束，基部要用棉花吸水（保鲜剂）包扎，为保护小花在运输等过程中不掉落，需对每束花进行套袋或纸包扎保护，并按规格贴上相应的标签。

采用保冷包装。为使预冷后的鲜切花在运输中保持低温，在装箱时，沿箱内四周衬一层泡沫板，同时在花材中间放冰袋；包装箱上应清楚地标明种类、品种、等级和数量。

4. 切花综合保鲜技术

（1）预冷　紫罗兰切花呼吸强度高，如果将花材直接装入包装容器内，花枝容易发热而使茎叶黄化。因此，采后应及时进行冷处理。预冷终温以5℃为宜；也可在5℃或5℃以下的冷库中结合预处理液吸收进行预冷，空气相对湿度为90％～95％。

（2）保鲜液处理

①花蕾催开液。每100克切花吸收0.1微摩尔的银离子为宜，如果高达0.5微摩尔时，叶片出现失绿症状。因此，在室温20～25℃下，预处理液处理时间为1小时，银离子的适宜浓度为0.1毫摩尔/升。若浓度为0.2毫摩尔/升时，则容易出现药害。

②瓶插保持液。瓶插液可由100毫克/升8-羟基喹啉柠檬酸盐＋75毫克/升柠檬酸＋2克/升蔗糖配制而成。

(3) 贮藏　切花瓶插寿命可达 7～10 天，切花对乙烯敏感，采切花茎最好连带部分根系，这样可延长瓶插寿命。插水保存可达 3～5 天，干藏可达 2 天，冷藏过久会丧失香味，应贮藏于黑暗中，避免花茎伸长。

(4) 运输　鲜切花经过分级包装处理后运输到各销售地，运输过程中包装箱应水平放置，运输时温度最好能保持在 4～5℃，空气相对湿度保持在 95%～98%。

5. 批发商和消费者的处理方法　鲜切花到达批发商及消费者后，应尽快打开包装，视情况剪鲜切花茎端 1～2 厘米，并做如下处理：

①处理液：使用洁净的容器和质量好的洁净水（去离子水最好），用柠檬酸把 pH 调至 3.5，再加热到 43℃，把紫罗兰鲜切花插入，进行处理 1～2 小时；如鲜切花失水过多，可把紫罗兰整枝浸入处理液中吸水，时间约为 1 个小时。鲜切花数量多时，可装在有孔塑料运输箱中，整个沉入处理液中。处理完以后应尽快转入每升水含有 25 毫克硝酸银的保鲜液中。

②鲜切花贮藏温度 2℃为宜。头三天放置在 5℃温度下可延长瓶插寿命。瓶插保持温度 21℃左右为佳。注意不要把花放在风大或相对湿度低的地方。

③建议用硝酸银溶液（1 000 毫克/升）或次氯酸钠溶液处理花茎 10 分钟有助于防止花茎开裂和折断。

（五）风铃草

学名： *Campanula medium* L.

英文名： bellflower、canterbury bell

风铃草，又称钟花、瓦筒花，是桔梗科风铃草属二年生草本植物，原产南欧。株形粗壮，花朵钟状似风铃，通常蓝色，花期 4～6 月。是春末夏初小庭园中常见的草本花卉。主要用作盆花，也可露地用于花境。适于配置小庭院作花坛、花境材料。有许多栽培观赏品种，常见品种有蓝色的蓝钟，紫色的紫晶，白色的铃铛，粉红的尖项等。

因其花色明丽素雅，花型奇特，在欧洲十分盛行，可用于各种礼仪和艺术插花。

1. 采后流通中的主要问题　因花瓣较为娇嫩，容易在运输过程中受损。在切口部位会分泌橡胶色黏稠乳汁，容易导致导管堵塞，吸水不畅。

2. 采收标准

（1）长途运输　当花序顶端第一朵花初开、下面的花朵已上色时采收。

（2）短途运输　当花序上约 1/3 的花朵初开时可采收。

3. 贮藏技术　一般来说，风铃草切花不适宜贮藏。

4. 运输技术　用预处液处理后，纸箱包装，低温状态下干式运输。

5. 保鲜剂处理技术　目前，风铃草切花很少用预处液处理。不过理论上，用以糖分和杀菌剂为主要成分的预处液或瓶插液处理对于保证风铃草的幼小花蕾是很有效的。

（六）香豌豆

学名： *Lathyrus odoratus*

英文名： sweet pea

香豌豆又称花豌豆、腐香豌豆，是豆科香豌豆属一、二年生蔓性攀缘草本植物，全株被白色毛，茎棱状有翼，羽状复叶，仅茎部 2 片小叶，先端小叶变态形成卷须，花具总梗，长 20 厘米，腋生，着花 1～4 朵，花大蝶形，旗瓣色深、艳丽，有紫、红、蓝、粉、白等色，并具斑点、斑纹，具芳香。

1. 采后流通中的主要问题　运输途中水平放置切花，由于重力的作用，花茎或花序会发生弯曲。经长途运输搬运，可能会出现少量嫩条断裂、卷叶，花芽、花瓣脱落等。

2. 采收标准　花序开 1～2 朵花时。

3. 贮藏技术

（1）预处理　包装贮运前，要用含糖为主的化学溶液短期浸泡处理花茎基部进行预处理，在预处理期间保持光照 1 000 勒克斯，温度 20～27℃，空气相对湿度 35%～80%。长途运输前的预处理可以减少花对乙烯的敏感。4 毫摩尔/升的 STS 处理香豌豆切花 8 分钟，可达到较好的保鲜作用。

（2）冷藏处理　在－0.5～0℃条件下可储存 2～3 周。

4. 运输技术　在鲜切花储运前和到达消费地后，用吸水处理液对其进行处理，以增加鲜切花吸水量，防止萎蔫及恢复鲜切花鲜活状态。吸水处理液可用 pH 为 3.5 左右的柠檬酸溶液（加入柠檬酸量与水质、水的 pH 有关，通常每升水加 500 毫克左右的柠檬酸）。

5. 保鲜剂处理技术　延长瓶插观赏期，可用 300 毫克/升 8－羟基喹啉柠檬酸盐＋50 毫克/升矮壮素＋5 克/升蔗糖混合液，或用 300 毫克/升 8－羟基喹啉柠檬酸盐＋100 毫克/升柠檬酸＋3 克/升蔗糖混合液处理，贮藏保鲜期可达 5～7 天。

（七）洋桔梗

学名： *Eustoma grandiflorm*

英文名： eustoma、lisianthus

洋桔梗又称丽钵花、土耳其桔梗、德州蓝铃，为龙胆科草原

龙胆属一二年生草本植物，原产于北美洲中南部，叶表蓝绿色。雌雄蕊明显，苞片狭窄披针形，花瓣覆瓦状排列。花色丰富，有单色及复色，花瓣单瓣与双瓣之分。从1975年起世界上洋桔梗育种快速发展，每年都有许多新品种问世。大部分品种供切花栽培用，也有少数当盆栽或花坛布置用的矮性品种，如‘Blue Lisa’、‘Little Bell’等。

1. 采后流通中的主要问题　花颈会因无法支撑花朵的重量而产生花顶部弯曲现象。

由于洋桔梗吸水性良好，常使栽培者误认为采收后离水时间的长短对其无害，只要分级包装后再吸水即可恢复。但洋桔梗采收至包装吸水过程期间，通常超过4小时以上，易影响往后之瓶插寿命。因洋桔梗从田间采收后，若水分吸收不足或离水时间过久，造成细胞失去膨压，花颈会因无法支撑花朵的重量而产生花顶部弯曲现象，且花瓣细胞于缺水变扁后，再重新插水也无法使花苞于绽放时恢复坚挺饱满。

2. 采收标准　洋桔梗采收适期以每枝花3～5朵开放的熟度为佳，并且摘除过度开放的花朵及过小不会开放的花苞。花农一般均在清晨时剪花，采收的标准是花茎上已有2～4朵花开放的程度，采收时自基部剪取，采收完后先在田间将茎部1/2以下的叶片去除，再载到包装场整理。采收时间应避免于炎热的正午采收。

田间吸水杀菌　洋桔梗于田间采收后1小时内，应插入预处液中以吸收水分和消毒杀菌。

3. 贮藏技术

（1）田间插水　洋桔梗于采收后应尽快插入水中吸水，以避免因水分供应中断造成导管内产生气泡。

（2）预处液处理　洋桔梗采收后应置于阴凉处并于1小时内施予预处液插水处理。预处液主要是以200毫克/千克硫酸铝混合50毫克/千克次氯酸钠所调配而成。预处液需每3～5天更换1次，且水质应调整为微酸性，使pH接近5。

（3）冷藏库贮藏　利用强风式冷藏库进行花卉预冷及冷藏，使用的预冷温度为5～10℃。

4. 立式容器冷藏运输　洋桔梗于包装场完成分级包装并适量装于立式容器后，应再次将花卉移入冷藏库进行降温处理，继续减缓花朵开放的速度，冷藏适温约为5℃，等到要载运分送到花卉批发市场销售时再移出。较佳的花卉运输车应为具有空调的冷藏车或隔热运输车，维持低温以保持花卉鲜度，避免用一般货车或非冷藏车载运，降低非密闭空间产生高温的风险或减低因受日晒雨淋的不当损失。

5. 保鲜剂处理技术　置于2%蔗糖+0.2毫克/升8-羟基喹啉盐+0.2毫摩尔/升STS+0.05毫克/升硫酸铝保鲜液中，瓶插寿命为14天。

二、宿根切花

（一）乌头花

学名： *Aconitum carmichaeli*

英文名： common monkshood

乌头花为毛茛科乌头属多年生草本植物，其花色艳丽，花朵细小，鲜亮夺目。开蓝紫色花，花冠像盔帽，圆锥花序。乌头切花是乙烯敏感型花卉，乙烯有促进衰老的作用。采后处理应特别注意对乙烯的处理，适宜作鲜切花，是近年来发展较快的一类新型配花，较适合做各种类型插花作品的优良配花。

1. 采后流通中的主要问题 高温环境采收带来的花枝发热、茎叶黄化，花蕾不能正常开放等。

2. 切花采收

(1) 采收标准　在总状花序基部 1～2 朵小花开放时采切，采切时间过早，花蕾将不会开放。

(2) 采收时间　采摘工作适宜在清晨或傍晚气温低时进行。

(3) 采收方法　采切时用锋利的剪刀斜面剪切，避免压碎茎组织，否则会引起微生物感染组织从而阻塞导管，采收花茎的部位要尽可能靠近基部，以增加花茎的长度，剪下后要首先清除收获过程中的杂物，丢弃损伤、腐烂、病虫感染和畸形的花，然后将采切下来合格的乌头花，立即放入清水或保鲜液中，尽快放入包装间。

3. 切花分级、包装　鲜切花按相关国家标准、行业标准或购买者要求进行分级整理后 10 支捆为一束，包扎好。包扎时，只能在花茎基部捆扎，不能捆扎在花茎上部，以免弄断花头。每束用纸或玻璃纸进行包扎，并按规格贴上相应的标签。

包装采用带孔的纸箱包装，包装箱上应清楚地标明种类、品种、等级和数量。

4. 切花综合保鲜技术

(1) 预冷　为降低采后田间热，减缓切花水分的蒸腾作用而导致的失水，乌头采切后应立即送至预冷车间预冷。国内一般采

取冷库预冷或冷气预冷，冷库预冷时温度控制在7℃左右，预冷时间根据切花的数量和花朵情况具体而定。

（2）保鲜液处理　乌头切花是乙烯敏感型花卉，乙烯有促进衰老的作用，最终导致切花凋谢变质，所以应尽量避免与水果和其他能产生乙烯气体的物品放置在一起，使用STS处理可以延长乌头花的瓶插寿命。

（3）贮藏　花朵对冷害敏感，贮于7℃以下温度时，花瓣会变黑，保存在7～16℃温度范围为佳，过低或过高温度都会影响切花品质。

（4）运输　运输过程中需要保持低温，运输车最好是空调车，运输车温度保持在7～12℃。

5. 批发商和消费者的处理方法　消费者买到乌头切花后，应立即从包装箱中取出，斜剪茎基部1～2厘米，以便于切花更好地吸水，然后插于干净清水中或保鲜液中，以后每天换水防止细菌大量滋生堵塞导管，而降低乌头切花瓶插寿命。

（二）落新妇

学名：*Astilbe chinensis*（Maxim.）Franch. et Sav.

英文名：chinese astilbe

落新妇又称红升麻、虎麻、金猫儿、升麻、金毛、三七，是虎耳草科落新妇属多年生草本植物，茎直立，花序紧密，呈火焰状，花小而密集。花色丰富、艳丽，有紫色、紫红色、粉红色、白色等。属于乙烯敏感型切花。

1. 切花采收

（1）采收标准　花序上1/2～3/4花朵开放时采切，最上部花蕾应已膨大并显色。若采切时，低于

1/2 花朵开放，花蕾在采切后不能进一步发育。

（2）采收时间　采摘工作适宜在清晨或傍晚气温低时进行。

（3）采收方法　采切时用锋利的剪刀斜面剪切，避免压碎茎组织，否则会引起微生物感染组织从而阻塞导管，采收花茎的部位要尽可能靠近基部，以增加花茎的长度，剪下后要首先清除收获过程中的杂物，丢弃损伤、腐烂、病虫感染和畸形花，然后将采切下来合格的落新妇，立即放入清水或保鲜液中，尽快放入包装间。

2. 切花分级、包装　鲜切花按相关国家标准、行业标准或购买者要求进行分级整理后 10 支捆为一束，包扎好。包扎时，只能在花茎基部捆扎，不能捆扎在花茎上部，以免弄断花头。每束用纸或玻璃纸进行包扎，并按规格贴上相应的标签。

包装采用带孔的纸箱包装，包装箱上应清楚地标明种类、品种、等级和数量。

3. 切花综合保鲜技术

（1）预冷　采后处理需予以特别注意，先把花茎置于 54℃热水中预处理，然后冷却至室温，包在纸中放入保鲜液，这样处理的切花可保存 12 天，而置于室温水的切花仅有 2～4 天的寿命。

（2）保鲜液处理　落新妇切花是乙烯敏感型花卉，乙烯有促进衰老的作用，最终导致切花凋谢变质，所以应尽量避免与水果和其他能产生乙烯气体的物品放置在一起。使用 STS 脉冲处理可以减轻乙烯为害。

（3）贮藏　在 0.5～4.0℃温度下贮存 7～10 天。叶片老化比花朵快。

（4）运输　置于水中或塑料袋中，以避免脱水。运输之后，花茎应置于 50～60℃热水中。

4. 批发商和消费者的处理方法　消费者买到落新妇切花后，应立即从包装箱中取出，斜剪茎基部 1～2 厘米，以便于切花更

好地吸水，然后插于干净清水中或保鲜液中，以后每天换水防止细菌大量滋生堵塞导管，而降低落新妇切花瓶插寿命。

（三）耧斗菜

学名： *Aquilegia vulgaris*

英文名： easten red columbine

耧斗菜为毛茛科耧斗菜属多年生草本植物。其叶片优美，花姿独特别致，花色丰富，可用于插花，还可用作花坛、花镜及岩石园的栽植材料。

1. 采后流通中的主要问题　高温环境采收带来的花枝发热、茎叶黄化，花蕾不能正常开放等。

2. 切花采收

（1）采收标准　在花蕾显色期采收，可使瓶插期寿命延长，但花色会有所失真，个别花瓣不能开放。花瓣松散期采收的切花，瓶插后开放速度快，采用预处理效果好，花径增大，观赏品质好，因此为适宜采收期。

（2）采收时间　清晨到 10 时前最为适宜，次为 17 时后到傍晚。

（3）采收方法　切花长度适宜在 30 厘米以上。每枝只留上部的复叶和接近花蕾的单叶，其余从叶柄基部剪除。

3. 切花分级、包装　鲜切花按相关国家标准、行业标准或购买者要求进行分级整理后 10 支捆为一束，包扎好。包扎时，只能在花茎基部捆扎，不能捆扎在花茎上部，以免弄断花头。每束用纸或玻璃纸进行包扎，并按规格贴上相应的标签。

包装采用带孔的纸箱包装，包装箱上应清楚地标明种类、品种、等级和数量。

4. 切花综合保鲜技术

（1）预冷　采用冷库预冷。直接把鲜切花放入冷库中，不进行包装，预冷结合保鲜液处理同时进行，使其温度降至4℃。该方法要求冷库有足够的制冷量，即冷空气以每分钟60～120米的流速循环。完成预冷后鲜切花应在冷库中包装起来，以防鲜切花温度回升。此法所需的预冷时间为几个小时，占据空间较大。

（2）保鲜液处理　耧斗菜切花可采用预处理（STS）与保鲜液相结合的方法。

（3）贮藏　用于贮藏的切花在花蕾开绽时采收，装入内衬聚乙烯薄膜的纸箱内，在0℃下可存放4周。

（4）运输　短途运输可用汽车装运。长途运输主要采用空运。宜冷藏运输。运输过程中无法提供冷藏条件的，应作预冷处理，预冷后关闭箱上通气孔，放入保鲜剂。对于贮藏的切花，运输前应进行质量检验，并用专用保鲜液进行处理后再装箱打包发送。

5. 批发商和消费者的处理方法　消费者买到耧斗菜切花后，应立即从包装箱中取出，斜剪茎基部1～2厘米，以便于切花更好地吸水，然后插于干净清水中或保鲜液中，以后每天换水防止细菌大量滋生堵塞导管，而降低耧斗菜切花瓶插寿命。

（四）情人草

学名： *Statice sinuate* L.

英文名： codariocalyx motorius ohashi

情人草为蓝雪科补血草属多年生草本植物，其花枝硬挺，花色艳丽，花朵细小，小花呈宝塔形着生，层次分明，鲜亮夺目。其花色有蓝色、蓝紫色、紫粉色、黄色、白色等。采后处理简单，适宜作鲜切花或干花，是近年来发展较快的一类新型配花及干花类鲜切花，较适合做各种类型插花作品的优良配花。

1. 采后流通中的主要问题　因高湿而使花瓣上的病毒蔓延；

呼吸强度过高而使花枝发热；采收较早时，花朵不能充分开放；受乙烯影响而使花瓣脱落。

2. 切花采收

(1) 采收标准　当情人草花枝上的花朵开放度达 30%～50%，充分透色时即可采收，情人草花枝吸水性不好，因此采后要立即浸入水或保鲜剂中，并尽早上市。

(2) 采收时间　采收时间要尽量避开高温和高强度光照，一般以上午和傍晚为宜。最好棚内温度不要超过 25℃。

(3) 采收方法　采花时，不要从花枝基部进行剪切，应当在植株基部以上保留花枝上的一个大叶片处进行剪切，有利于下茬花枝萌动并生长。

3. 切花分级、包装　首先清除收获过程中所带的杂物，丢掉损伤、腐烂、病虫感染和畸形花。然后根据目前我国已制定的切花、切叶、切枝等 14 种产品的国家标准、云南省鲜切花、切叶（枝）等级质量分级标准或购买者要求使用的分级标准进行分级。所采收的花材应该在具品种典型特征、无破损污染、视觉效果良好之前提下进行分级。

分级中要求鲜切花要边分级边放在装有清水或保鲜剂的容器中，每一个容器内只放置一种规格的产品，并在容器外清楚地标明品种、等级、数量等情况。

目前在国际市场上广泛使用的标准有荷兰拍卖市场标准、日本国家鲜切花标准、欧盟鲜切花标准等，国内将要启用的有昆明国际花卉拍卖市场标准。

分级后的鲜切花要根据相关标准或购买者的要求按一定的数量捆成束，一般将相同等级、品种的情人草带梗花序 5 支一束捆绑固定，分别码入标有品名、具透气孔的衬膜瓦楞纸箱中。需对每束花进行套袋或纸包扎保护，并按规格贴上相应的标签。

采用保冷包装。为使预冷后的鲜切花在运输中保持低温，在装箱时，沿箱内四周衬一层泡沫板，同时在花材中间放冰袋；包装箱上应清楚地标明种类、品种、等级和数量。情人草的包装一般为每 5 枝捆成一束，每束花必须用带有散热孔的锥形透明塑料袋包装。

4. 切花综合保鲜技术

（1）预冷　采用冷库预冷。直接把鲜切花放入冷库中，不进行包装，预冷结合保鲜液处理同时进行，使其温度降至 4℃。该方法要求冷库有足够的制冷量，即冷空气以每分钟 60～120 米的流速循环。完成预冷后鲜切花应在冷库中包装起来，以防鲜切花温度回升。此法所需的预冷时间为几个小时，占据空间较大。

（2）保鲜液处理

①花蕾催开液。每升水中加入 20 毫克赤霉素（GA）＋30 毫克硝酸银，不必加糖，水温 38～40℃，在 21℃室温下处理，直至适当比例的花朵开放，然后转至 4℃下储存。

②瓶插保持液。每升水中加入 25 毫克硝酸银＋75 毫克柠檬酸。

（3）贮藏　可以把切花置于空气相对湿度为 90％～95％，温度为 2～4℃的环境中进行贮藏。当贮藏温度为 2～3℃时可进行干藏 1～2 周，或湿藏 2～3 周。当储运时，情人草仅可耐较长时间的干藏。但在开箱后必须马上将其插入水中，亦可使用市售保鲜液延长瓶插寿命。

（4）运输　鲜切花经过以上处理后运输到各销售地，运输过程中包装箱应水平放置，运输时温度最好能保持在 2℃，空气相对湿度保持在 95％～98％。

5. 批发商和消费者的处理方法

①鲜切花到达批发商及消费者后，应尽快打开包装，对花茎

进行再剪切，并置于清水或保鲜液溶液中。储存温度为5℃。

②瓶插保持液直接用水，或不加糖的保鲜液。

③制作干花：把切花捆成束，花头朝下，悬挂在冷凉，通风和避光的地方，直至完全干燥。

（五）红球姜

学名： *Zingiber zerumbet*（L.）Smith

英文名： zingiber zerumbet

红球姜为姜科姜属多年生宿根草本植物，分布于我国海南、广东东部、云南、广西等省区以及印度及马来半岛。其株形似食用姜，地下着生大量根状茎，在7～9月能从地下部抽出大量的青色圆球状花序。红球姜花序奇特，穗状花序着生于花茎顶端，近长圆形，松果状；苞片密集，覆瓦状排列，幼时绿色、后转红色，最佳观赏期是苞片全部转为鲜红色，如一支火红的火炬，鲜艳夺目，是极其美丽的鲜切花。

1. 采后流通中的主要问题　青球采收苞片不能充分显色，切花失水失鲜。

2. 切花采收

（1）采收标准　红球姜采收依插花需要可分为青球采收和红球采收两种，主要以红球采收为主。青球采收以花茎充分伸长，球足够大时即可采收；红球采收以苞片开始由青转红或全部苞片变为红色即可进行，此为其观赏的最佳时机。

（2）采收时间　采收时间宜在清晨或傍晚。

（3）采收方法　从花茎贴近地面处剪取，剪后小心竖放入装有清水的花桶里保湿，然后进行分级包装处理即可。

3. 切花分级、包装　按照花茎长度和球的大小分级归类、按5枝或10枝一把进行捆扎。

4. 切花综合保鲜技术　切花清水瓶插保鲜期可达15天。低温贮藏结合含糖、杀菌剂保鲜液能显著延长切花瓶插寿命。

(六) 姜花

学名： *Hedychium coronarium* Koen.

英文名： garland flower

姜花为蘘荷科姜花属，多年生草本植物，花朵状如蝴蝶，所以又称蝴蝶姜、白蝴蝶花等。原产亚洲热带，印度和马来西亚的热带地区，大概在清代传入我国。姜花花形美丽，是盆栽和切花的好材料，也可配植于小庭院内，或用于园林中，如可成片种植，或条植、丛植于路边、庭院、溪边、假山间。姜花有清新的香味，放于室内可作天然的空气清新器。

1. 采后流通中的主要问题　瓶插寿命甚短，通常只有2天左右。

2. 切花采收

(1) 采收标准　当穗状花序上部第一朵花开放，或花蕾露出花苞2～3厘米，花蕾抽出2～4蕾且未开放前时为采收适期。以花序饱满、8～10朵花苞外露、含苞/未放的花序上市为最佳。

(2) 采收时间　采收时间宜在早晨9时前或傍晚进行。有条件的地方可在采收前喷水1次，或采切前一天灌水，使植株体内水分充足，翌日采切则花期较久，更加芳香。

(3) 采收方法　将花茎从基部切断。采收后，留下上位3片叶，除去多余叶片，然后立即浸于水中，并避免暴晒于阳光下。

3. 切花分级、包装　切花采收后集中置于阴凉湿润环境中，按照质量等级划分标准进行分级包装处理。花穗要对整齐，20枝扎成一束。每把于基部切齐，用皮筋绑紧，再用纸张包扎保护花穗。各层切花以反方向堆叠于箱中，并离箱边缘8厘米，以防止运输途中花朵摩擦受损。

4. 切花综合保鲜技术

（1）预冷　剪下的切花要及时浸入花桶中保鲜置于阴凉湿润处，并多次进行喷雾保湿，以利于延长插花时间。

（2）保鲜液处理　姜花切花在衰老过程中内源乙烯、脱落酸（ABA）含量显著升高，为乙烯敏感型切花，用含有乙烯抑制剂、杀菌剂、细胞分裂素类等物质的保鲜液处理可延缓姜花切花的衰老。

（3）运输　运输时温度应调控在27℃左右，温度过高容易促进花苞开放。

5. 批发商和消费者的处理方法　插养要挑选花蕾硕大、花苞众多、叶色青翠、花枝挺拔的花束。把花枝末端用刀开十字形的切口，深6～8厘米，以便更好地吸收水分。同时要将叶子修剪成燕尾状，以突出花朵并能减少水分蒸发。插花后，每天换水1次，若有花朵凋谢，随时剪去，使整个花束保持鲜艳。在室内温度27℃、空气相对湿度80%～90%环境中瓶插期可大大延长，达到7天以上。

（七）非洲菊

学名： *Gerbera jamesonii* Bolus

英文名： gerbera

非洲菊为菊科大丁草属、多年生草本植物，又称扶郎花、灯盏花。全株被细毛，多数叶为基生，羽状呈不同程度的裂痕，头状花序，花葶高出叶丛，花色极为丰富，有白、粉、从浅黄到金黄、从浅橙到深橙、从浅红到深红等。市场销售的非洲菊的切花品种主要以花序11～14厘米、花葶长度大于40厘米的红色系和

黄色系的单瓣品种和半重瓣品种为主。

1. 采后流通中的主要问题　非洲菊鲜切花花梗较脆弱，易发生软茎和弯茎、折梗现象，且由于采收过程中，空气有可能被吸进导管而阻止花朵吸水，从而发生弯茎现象。另非洲菊对氟敏感，低浓度的氟即引起花瓣产生褐色斑点。

2. 采收标准

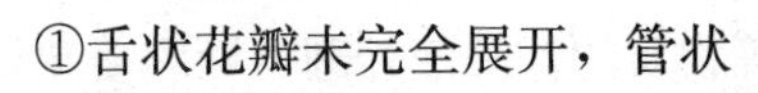

①舌状花瓣未完全展开，管状花未充分开放，花粉管未伸出。在此阶段采收，成熟度太小，切花不易开放或开放不好，为不适宜采收阶段。

②舌状花瓣展开，花粉管未伸出，适宜夏秋季远距离运输销售。

③舌状花瓣充分展开，最外围花粉管伸出且散落出花粉，适宜冬春季远距离运输销售。

④舌状花瓣充分展开，2～3 层花粉管散落出花粉，适宜冬季国内市场销售。

⑤舌状花瓣充分展开，大部分花粉管伸出且散落出花粉。此阶段采收，成熟度过大，不适宜远距离运输销售，但可在当地市场销售。

3. 贮藏技术　非洲菊切花不适宜长期贮藏，贮藏期限一般不超过 7 天。最好是湿藏在添加有 50 毫克/升硝酸银，200 毫克/升 8-羟基喹啉柠檬酸盐和 30 克/升蔗糖的保鲜液的溶液中。环境条件要求为温度 2～5℃，空气相对湿度保持在 85%～95%。在冷库中，通常采用隔板分层来提高空间的利用率。与此同时，为防止冷库中的通风量过大而带来的花瓣的水分损失，可采用聚乙烯薄膜覆盖花朵等。

4. 运输技术　非洲菊一般采用保冷包装。为使预冷后的鲜切花在运输中保持低温，在装箱时，沿箱内四周衬一层泡沫板，同时在花材中间放冰袋；包装箱上应清楚地标明种类、品种、等级和数量。大花型10枝/束，迷你型20枝/束，花头用锥形的塑料袋套袋，每束花必须用带有散热孔的锥形透明塑料袋包装。在欧洲，非洲菊包装于浅纸箱中，里面安放带孔的纸隔板，每枝鲜切花插入一个孔中，用胶带固定住。

鲜切花经过以上处理后运输到各个销售地，运输过程中包装箱应水平放置，运输时温度最好能保持在4～5℃，空气相对湿度保持在95%～98%。

5. 保鲜剂处理技术　非洲菊鲜切花采切后应把花茎基部发红的木质化部分剪切掉，使花朵吸水更加容易。剪切时要斜切，这样可以避免木质部导管被挤压，同时加大吸水面积。采后的花要立即放入清水中（然后进行保鲜处理）或直接放入保鲜液中处理，建议使用的保鲜液如下：

①1 000毫克/升的高浓度硝酸银溶液处理5～10分钟或每10千克水中加入0.6毫升的次氯酸钠，处理10分钟。次氯酸钠既能降低水的pH，又能杀菌，但处理地点不能有阳光照射，否则将使次氯酸钠的有用成分发生分解而失效。硝酸银溶液、次氯酸钠可有效地抑制花茎导管细菌繁殖，因为细菌会堵塞导管而使花朵不能吸水。上述处理完后再用每升水中加入20～50克的糖溶液处理3～4小时，温度控制在20℃，又转至冷室中再处理12～16小时为好。处理时光照强度为1 000勒克斯，空气相对湿度35%～100%。

②可用市场上销售的保鲜剂或者企业自行配置的保鲜剂，根据具体情况进行选择。

③也可以用由以下成分组成的保鲜液：蔗糖3克/升，柠檬酸150毫克/升，含7个结晶水的磷酸氢二钾（$K_2HPO_4 \cdot 7H_2O$）75毫克/升。

蔗糖为非洲菊开放过程中继续开放提供能量，还能促进花朵吸水。柠檬酸使保鲜液的 pH 降低，从而阻止细菌的滋生。

6. 零售商和消费者处理方法

①水合处理。使用洁净的容器和质量好的净水（去离子水最好），用柠檬酸把 pH 调整到 3.5，再加热到 43℃，把非洲菊切花插入，进行水合处理 1～2 小时；如切花失水过多，可把它们整个都沉入水合处理液中吸水，时间 1 小时左右。切花数量多时，可装在有孔塑料运输箱中，整体沉入水合处理液中。水合处理后应尽快转入每升水含有 25 毫克硝酸银的保鲜液中。

②切花贮藏温度 2℃为宜。前三天放置在 5℃温度下可延长瓶插寿命。瓶插保持的温度以 21℃左右为佳。不要把切花放在风大和相对湿度低的地方。

③切花插入花泥时，再稍稍拔出一点，有助于它们的吸水。

④一些品种易于过早萎蔫，一些品种的花茎在花头下 10～15 厘米处易折或断裂。在 1 000 毫克/升的硝酸银溶液中处理花茎 10 分钟，可改善上述状况。次氯酸钠溶液有相同的作用。经过这些处理的切花，不宜再剪切。如需再剪切，瓶插保持液中应加 25 毫克/升硝酸银。保鲜液中有蔗糖时，会引起花茎伸长。如果会造成花茎柔软，则要限制加糖。

（八）勿忘我

学名： *Limonium sinuatum*

英文名： aea-lavender

勿忘我为蓝雪科补血草属多年生草本植物，叶基生，花茎分叉，呈偏侧形伞房花序。花萼膜质，呈蓝、黄、粉红、白色等。自然花期 5～6 月。采后处理简单，适宜作鲜切花或干花。

1. 采收标准　当勿忘我花枝上的花朵开放度达 30%～50%时，可进行切花采收，采收时要尽量避开高温和高强度光照，一般以上午和傍晚为宜。勿忘我花枝吸水性不好，因此采后要立即浸入水或保鲜剂中，并尽早上市。最好棚内温度不要超过 25℃。

2. 贮藏技术　把切花置于空气相对湿度为90%～95%，温度为2～3℃的环境中进行干藏1～2周，或湿藏2～3周。储存后，切花瓶插寿命降低。切花表面需干燥，否则易患灰霉病。当储运时，勿忘我仅可耐较长时间的干藏。但在开箱后必须马上将其插入水中，亦可使用市售保鲜液延长瓶插寿命。

3. 运输技术　采用保冷包装。为使预冷后的鲜切花在运输中保持低温，在装箱时，沿箱内四周衬一层泡沫板，同时在花材中间放冰袋；包装箱上应清楚地标明种类、品种、等级和数量。勿忘我的包装一般为每5枝捆成一束，每束花必须用带有散热孔的锥形透明塑料袋包装。运输过程中包装箱应水平放置，运输时温度最好能保持在2℃，空气相对湿度保持在95%～98%。

4. 保鲜剂处理技术　采用冷库预冷。直接把鲜切花放入冷库中，使其温度降至4℃，并结合保鲜液一同进行。

①花蕾催开液。每升水中加入20毫克赤霉素（GA）＋30毫克硝酸银，不必加糖，水温38～40℃，在21℃室温下处理，直至适当比例的花朵开放，然后转至4℃下储存。

②瓶插保持液。每升水中加入25毫克硝酸银＋75毫克柠檬酸。

5. 零售商和消费者处理方法

①进行再剪切，然后水合处理。

②储存温度5℃。

③瓶插保持液直接用水，或一种不加糖的保鲜液。

④制作干花：把切花捆成束，花头朝下，悬挂在冷凉，通风

和避光的地方，直接完全干燥。

（九）火鹤花

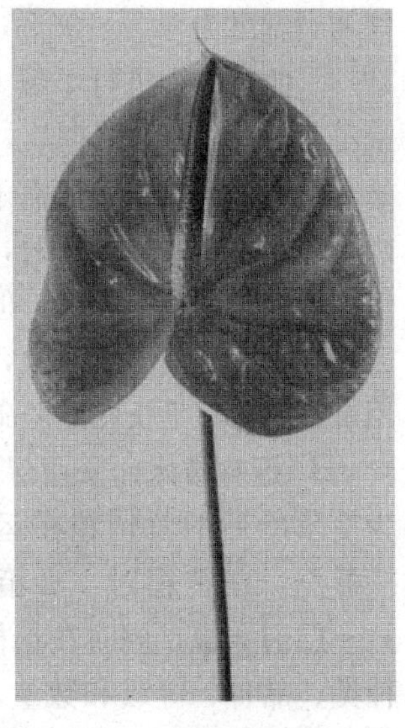

学名： *Anthurium andraeanum*

英文名： anthurium

火鹤花又称安祖花、红掌、花烛，是天南星科花烛属多年生常绿草本植物。根肉质，无茎，心形叶从根茎抽出，具长柄，花腋生，佛焰苞蜡质，正圆形至卵圆形，花色鲜红色、橙红肉色、白色，肉穗花序，圆柱状，直立。四季开花。切花瓶插寿命长，耐水养，瓶插寿命3～4周，其佛焰花苞硕大、肥厚具蜡质，色泽鲜艳，造型奇特。

1. 采后流通中的主要问题　易出现苞片色泽暗化等问题。

2. 采收标准　红掌切花于肉质花序由基部开始达1/2～2/3变色，佛焰苞片展平、色彩鲜明，即为采收之适当成熟度。应在温度较低的早上或傍晚为宜进行采收。

3. 贮藏技术　采收后应在12小时之内将其放入清水或保鲜液中，并用170毫克/升的硝酸银溶液吸水处理10分钟，可延长切花采后寿命。通常在13℃的条件下湿贮，可以保鲜2～4周。

4. 运输技术　按红掌切花之品种、品质、花径大小、花梗长度等来分级后进行包装。在包装期间，应注意防止机械损伤，花面重叠勿超过1/3，花茎以朝一边整齐排放为佳，花茎中间用胶带固定于箱面，避免苞片发生挤压折伤。且花头应包纸或膜，加以保护。亦可湿运，即把茎端插入含50毫克/千克次氯酸钠保鲜液的套管内，切花运到目的地后，茎端应再剪切。萎蔫的切花可浮于20～25℃水中1～2小时，以恢复新鲜。

5. 保鲜剂处理技术　采收后必须迅速从田间转移至阴凉处

并以预处液插水处理。另外，红掌切花的佛焰苞若落尘太多会影响外观，需要用清水淋洗，清洗晾干时仍需插水，于自然通风下阴干，避免阳光暴晒和机械伤害。还可利用冷库预冷，预冷温度为15～18℃，所需时间至少4小时，才能达到预冷的效果。

（1）催花液　配制花蕾田间预处液的水最好使用自来水，因自来水中含有的氯成分具有杀菌效果，可减少红掌切花切口处因细菌感染而滋生代谢物堵塞导管，阻碍水分的吸收。为增加杀菌效果，可再加入50毫克/千克次氯酸钠于预处理液中，同时水质应调整为微酸性以减少病菌滋生。

（2）瓶插液　可用市场上销售的保鲜剂或者企业自行配置的保鲜剂，根据具体情况进行选择。

6. 零售商和消费者处理方法

①解开包装后，立即再剪切花茎，然后用1 000毫克/升的硝酸银溶液处理切花30～60分钟，其保鲜效果比硫代硫酸银（STS）处理更好，可增加瓶插寿命50%以上。注意使用去离子水来配制硝酸银溶液。

②水合处理：在水合处理液中处理1～2小时。然后转入一种保鲜液中。用棕蜡或果蜡覆盖花头，以减少水分蒸发。

③每间隔3～4天就再剪截一次花茎，并换一次保鲜液，以减少切花的萎蔫。

④储存温度需维持在13℃以上，否则会引起冷害。据报道，在保鲜液中加10毫克/升的6-苄基氨基嘌呤（一种细胞分裂素），可以减轻红掌冷害，延长瓶插寿命。

⑤不要把切花置于温度变化大和阳光强烈的地方。

（十）菊花

学名： *Dendranthema Morifolium*

英文名： florists chrysanthemum

菊花又称黄花、节花、九花、金蕊，是菊科菊属、多年生草本植物，是原产于我国的传统名花。菊花是世界四大切花之一，

产量居四大切花之首，具有花型多样、色彩丰富、用途广泛、耐运耐贮、瓶插寿命长、繁殖栽培容易、能周年供应、成本低、高产出等优点，综合国内外发展环境和其本身特点，切花菊产业必将有广阔的发展前景。近年来，切花菊已发展成为国际商品花卉总产值中最高的花种。

1. 采后运输中出现的问题　切花运输途中发热，叶片黄化；花瓣褐变；花瓣充分展开，但宜脱落等。

2. 采收标准　外围花瓣伸长即蕾期采切，该阶段采切的菊花贮藏效果佳，瓶插寿命长。

菊花切花采收标准指数：

开花指数 1：舌状花还未长成，不能采收。

开花指数 2：舌状花基本长成，外层花瓣未伸展，不适宜采收。

开花指数 3：舌状花紧抱，其中 1～2 个外层花瓣开始伸出，适合于远距离运输和贮藏。

开花指数 4：舌状花开始松散，可以兼做远距离和近距离运输。

开花指数 5：最外两层都已展开，适合于近距离运输和就近批发出售。

3. 贮藏技术

（1）干藏　切花菊花适宜的贮存温度为 0.5～1℃；最适空气相对湿度为 85%左右，超过 95%，切花易腐烂，低于 70%，花瓣易干燥。宜选用 0.04～0.06 毫米的聚乙烯薄膜包装。如果短期贮藏，可以在自然盛开期前的 1～2 周（开花指数 4）采切，在 1～3℃的条件下将茎秆插入催花保鲜液中 5～10 厘米，这样

可以贮存2周。

（2）辐射保鲜　用钴60射线辐射菊花，对其保鲜有效果。花蕾期剪切的切花辐射处理效果比开花期剪切的效果好。实验证明，菊花蕾期处理15天后，保鲜率为75%（对照为30%），而开花期处理，保鲜率为55%（对照为20%）。

4. 运输技术　在按出口标准质量对切花进行严格分级的前提下，按不同等级让花头和基部整齐，10枝一束，装入侧壁开有小孔便于通气的纸箱内，箱的宽约为30厘米或50厘米，长度和高度由切花数量和长度来调整，通常一箱的标准装箱数为200枝或100枝。各层切花反向叠放箱中，花朵朝外，离箱边5厘米；装箱时，中间须以绳索捆绑固定；封箱须用胶带或绳索捆绑；纸箱两侧须打孔，孔口距离箱口8厘米。

5. 保鲜剂处理技术　蕾期采切的菊花，用200毫克/升8-羟基喹啉柠檬酸盐+2～5克/升蔗糖，或用25毫克/升硝酸银+75毫克/升柠檬酸+2～5克/升蔗糖溶液进行催花，可延长切花贮藏期21～28天。用30毫克/升硫代硫酸银+5克/升蔗糖，或用50毫克/升硝酸银+150毫克/升柠檬酸+5克/升蔗糖溶液处理20小时，或在1毫克/升细胞分裂素溶液浸花枝基部24小时，或用1 000毫克/升的硝酸银溶液处理10分钟，或用30毫克/升硝酸银+75毫克/升柠檬酸+1～5毫克/升细胞分裂素+2～5克/升蔗糖混合液处理，可延长贮藏保鲜期；花枝基部在1 200～4 800毫克/升硝酸银溶液浸5～10秒，延长保鲜期8～10天。

6. 零售商和消费者处理方法

①切花到达后，应立即解开包装，将切花花茎再剪后插入水合液或保鲜液中，插入溶液部分不能有叶片。

②水合处理：水合处理液含0.05%吐温-20，溶液pH 3.5（用柠檬酸调），水合处理一般于冷凉环境下进行约2小时。

③催药处理。对于花蕾阶段的切花，应进催花处理，催花液配方同上。催花处理于光照强度500～1 100勒克斯、温度20～

24℃、空气相对湿度 40%～70%条件下进行。

④瓶插保鲜液。将菊花切花置于 15～25 毫克/升硝酸银+200～300 毫克/升柠檬酸+5～10 克/升蔗糖+5～10 毫克/升 6-BA、或 200 毫克/升 8-羟基喹啉柠檬酸盐+30～50 毫克/升醋酸银+5～10 毫克/升 6-BA+5～10 克/升蔗糖溶液中瓶插，能显著延长切花瓶插寿命、抑制叶片黄化。

（十一）满天星

学名：*Gypsophila*

英文名：bab′s breath

满天星又称丝石竹、霞草，是石竹科丝石竹属、多年生宿根草本花卉，原名为重瓣丝石竹，原产地中海沿岸。为常绿矮生小灌木，其株高约为 65～70 厘米，茎细皮滑，分枝甚多，叶片窄长，无柄，对生，叶色粉绿。每当初夏无数的花蕾集结于枝头，花细如豆，每朵 5 瓣，洁白如云，略有微香，有如万星闪耀，满挂天边。如果远眺一瞥，又仿佛清晨云雾，傍晚霞烟，故又别名“霞草”。

1. 采后流通中存在的问题　未开的小花蕾停止生长不再开放；枝条花朵、叶片划伤、折断等机械损伤；花朵全部萎蔫。

2. 采收标准　开花指数 1：小花盛开率 10%～15%，在此阶段采收，成熟度太小，鲜切花不易开放，采切后要放在花蕾开放液中处理，适合于远距离运输。

开化指数 2：小花盛开率 16%～25%，可以兼作远距离和近距离运输。

开花指数 3：小花盛开率 26%～35%，适合于就近批发出售。

开花指数4：小花盛开率36%～45%，必须就近很快出售。

采收时间要尽量避开高温和高强度光照，一般以上午和傍晚为宜。最好棚内温度不要超过25℃。

3. 贮藏技术

（1）预冷处理　采用冷库预冷。直接把鲜切花放入冷库中，不进行包装，预冷结合保鲜液处理同时进行，使其温度降至4℃。该方法要求冷库有足够的制冷量，即冷空气以每分钟60～120米的流速循环。完成预冷后鲜切花应在冷库中包装起来，以防鲜切花温度回升。此法所需的预冷时间为几个小时，占据空间较大。

（2）保鲜剂处理　满天星对乙烯和细菌性污染敏感，采切后易失水变干。因此切花采切后应立即将花茎插入水中或保鲜液中，先在含有STS和杀菌剂的预处理溶液中预处理30分钟，再转入含有1.5%蔗糖和杀菌剂的保鲜液中。对于只有1%～5%花朵开放的切花可用25毫克/升硝酸银＋50～100克/升蔗糖溶液或300毫克/升TBZ＋100克/升蔗糖溶液，在温度21℃，空气相对湿度50%，光照强度1 000勒克斯的条件下催开。

4. 运输技术　采用保冷包装。为使预冷后的鲜切花在运输中保持低温，在装箱时，沿箱内四周衬一层泡沫板，同时在花材中间放冰袋；包装箱上应清楚标明种类、品种、等级和数量。满天星切花包装，应将各层切花反向叠放箱中，花朵朝外，离箱边5厘米；小箱为20把，大箱为40把；装箱后，中间需捆绑固定；纸箱两侧需打孔，孔口距离箱口8厘米；纸箱宽度为30厘米或40厘米。包装箱的尺寸还应考虑既可节省贮运空间，又能保证足够的通风量防止花衰败。运输条件：对于多数品种，温度宜在2～4℃，不超过8℃；空气相对湿度保持在85%～95%。远距离运输一般采用干运（即将切花的茎基部无任何给水措施），近距离运输最好采用湿运（即包湿棉球，再在湿棉球外包聚乙烯薄膜）。

5. 保鲜剂处理技术　促进满天星切花开花，可用300毫克/升硫代硫酸钠＋10克/升蔗糖混合液处理；瓶插保鲜液可用25毫克/升硝酸银＋5～10克/升蔗糖混合液，或用200毫克/升8羟基喹啉柠檬酸盐＋2克/升蔗糖混合液处理，保鲜期可延长3～4天。

6. 零售商和消费者的处理方法

①一旦收到或买到满天星切花，应立即解开包装，再剪截花茎，去除过多的下部叶片，插入一种水合液或保鲜液中。如果切花未进行过任何保鲜剂处理，应用硫代硫酸银（STS）脉冲液在室温下处理1至数小时，以减轻乙烯的为害。

②保鲜液可采用上述瓶插保持液或花蕾催开液。

③保存温度以2～5℃为宜。

④满天星的瓶插环境应避免高温，防止空气快速流动。让切花远离成熟的水果。

（十二）香石竹

学名： *Dianthus caryophyllus*

英文名： carnation

香石竹，即康乃馨，为石竹科石竹属植物，分布于欧洲温带以及中国内地的福建、湖北等地，原产于地中海地区，是目前世界上应用最普遍的花卉之一。康乃馨包括许多变种与杂交种，在温室里几乎可以连续不断开花。

1. 采后运输中出现的问题　花头萎蔫，花颈弯曲，甚至折断，叶片发黄。

2. 采收标准　根据季节剪花时花开程度不一样，低温期花开五六成，高温期花开四成即可。通常花瓣呈较紧裹状态，花瓣

的露色部位长 1.0～1.5 厘米，呈平口时采下；如果就地供应，大花系标准：花瓣展开达半球形时采摘；小花系品种采收标准：2 朵或 2 朵以上花蕾露色呈平口时即可采下。

3. 贮藏技术　香石竹切花可以长期贮藏，商业上一般能贮藏 4 周。已开花的香石竹，暂时不能销售的，可于 3～5℃冷藏，温度不能过低，否则会使花瓣受害；蕾期的花枝抗冻力强，可在 0～1℃贮藏，空气相对湿度保持在 90%～95%。长期贮藏的香石竹，应选择健康且花蕾大的花枝。在贮藏处理过程中，预冷后的花材必须保证在低温环境下进行操作；薄膜包装也应预冷，同时尽量避免冷库温度的波动，这有助于贮藏过程中冷凝水的出现。

在贮藏过程中加入 CO_2 吸收剂可延长贮藏后香石竹切花的瓶插寿命，促进花朵的充分开放。同时用烷醇酰胺或聚乙烯薄膜既可减少水分蒸发，又可降低袋内的氧气浓度，起到一定的气调作用。香石竹切花在贮藏前必须把感病的花枝挑出，否则会引起整个贮藏袋的病变，从而导致袋内 O_2 浓度偏低而 CO_2 浓度的大幅上升。

4. 运输技术　香石竹宜采用干藏干运的方式，即在储运过程中，茎秆基部切断面不采取补水措施。同时，贮运宜在黑暗条件下进行。实验证明，在黑暗条件下，香石竹可以贮运几个月之久，品质不受影响。通常在贮运花材时，采用干运的方式，最好用 0.04 毫米左右的聚乙烯膜包装，一般花材自身呼吸使氧气质量分数降低到 3%～5%，二氧化碳质量分数升高至 5%～15%，到达自发气调的效果。采用塑料薄膜包装时包装袋内必须放置乙烯吸收剂，吸收花卉不断释放的乙烯。温度要求 8℃以下，空气相对湿度 90%以上。在没有冷藏集装箱的情况下，要在包装箱内放置蓄冷剂。远距离运输通常采用空运，也可采用铁路运输。

5. 保鲜剂处理技术

（1）水合处理液　每升水加 25 毫克硝酸银＋320 毫克柠檬酸＋0.1～1.0 毫克润湿剂吐温-20，溶液 pH4.5～5.0。吸水处理时间 6～12 小时。

(2) 硫代硫酸银（STS）脉冲液　使用 1 毫摩尔/升的硫代硫酸银（STS）脉冲液，在室温下，处理时间 30～60 分钟。

(3) 花蕾催化液　每升水加 25 毫克硝酸银＋320 毫克柠檬酸＋70 克蔗糖；或每升水加 25 毫克硝酸银＋200 毫克8-羟基喹啉柠檬酸盐（8-HQC）＋70 克蔗糖；或每升水中加 200 毫克 8-羟基喹啉柠檬酸盐＋50 毫克 IBA＋50 克蔗糖。

(4) 瓶插保持液　每升水加 250 毫克 8-羟基喹啉柠檬酸盐＋15 克蔗糖；或每升水加 25 毫克硝酸银＋320 毫克柠檬酸＋15 克蔗糖；或每升水中加 250 毫克 8-羟基喹啉柠檬酸盐＋50 毫克醋酸银＋20 克蔗糖。

6. 零售商和消费者的处理方法

①切花到达后，应尽快打开包装，再剪切花茎端（1～2 厘米），并置于清水或水合处理液中；

②把切花置于每升水加 320～500 毫克柠檬酸（使溶液 pH 达到 3.0～3.5）＋100 克蔗糖＋1 毫摩尔 STS（如切花先前用 STS 处理过，此处不可加）的溶液中，置于 2～5℃冷室中过夜，或在室温下处理 1～2 小时。然后转至清水或一种保鲜液中。

③对于花蕾切花，可采用以下花蕾催开液：每升水加 50 毫克硝酸银（或 200 毫克 8-羟基喹啉柠檬酸盐）＋70 克蔗糖。花蕾开放时房间的温度 18～26℃，空气相对湿度 90%～95%，光照度 2 000～3 000 勒克斯，光照时间每天 14～16 小时。注意房间的通风，防止内部乙烯积累，对花蕾造成为害。

④消费者应对切花进行再剪切，去除下部叶片，再置于新鲜配制的瓶插保持液中。

(十三) 芍药

学名： *Paeonia lactiflora*

英名： common peony

芍药又称将离、离草、婪尾春、犁食、没骨花、黑牵夷、红

药，是芍药科芍药属、多年生宿根草本植物。茎簇生，2回3出羽状复叶。单花顶生或枝上部腋生，具长梗；花大，直径达10～20厘米。原种花瓣5～10枚，白色或粉红色。栽培品种极多，有白、粉红、紫红、大红、绿、紫黑、黄及复色等；花型变化丰富；花期春季。芍药花朵硕大、雍容华贵，花形富于变化，在中国具有悠久的栽培历史，与牡丹并称为姐妹花，誉为“花相”，也在世界各地广泛栽培。作为切花，用于各种礼仪花卉装饰及艺术插花。

1. 采后流通中的主要问题　高温环境采收带来的花枝发热、茎叶黄化、花蕾不能正常开放等。

2. 切花采收

（1）采收标准　芍药切花最佳采收期因采后用途与切花品种而异。若采后立即进行贮藏则应选择发育完全、紧实、显色的花蕾，在大田花开3%～5%时采收最佳；若即切即售，则应于萼片开始松散、花瓣露出时采收最佳。此外，重瓣花比单瓣花、红色品种比白色品种采切时间应晚。

（2）采收时间　采收时间于上午露水干后或其他干燥后采切即可进行。

（3）采收方法　采切时用锋利的刀剪把芍药花茎从母株上切割下来，剪截时应形成一斜面以增加花茎吸水面积，剪口应光滑，避免压破茎部，引起微生物侵染。同时，在采切时应尽可能留给母株多一些叶片，以保证下一年的产量。

3. 切花分级、包装

（1）分级　所采收的花材应该在具品种典型特征、无破损污染、视觉效果良好之前提下进行分级：一级切花的长度为65厘米左右，二级切花的长度为60厘米左右，三级切花的长度为55厘米左右。相同等级的切花长度之差，不宜超过标准的±1.5厘米。

（2）包装　将相同等级、品种的芍药带花枝条10支一束捆绑固定，分别码入标有品名、具透气孔的衬膜瓦楞纸箱中。

4. 切花综合保鲜技术

（1）预冷　分级和包装后，应尽快放入约5℃冷库预冷，放入时间约6个小时，目的是去除芍药田间热，减少呼吸作用和内部养分消耗，保证芍药切花的品质。

（2）保鲜液　将切花基部3～5厘米浸入5%蔗糖＋4毫摩尔/升STS的混合溶液中处理5～10分钟，可有效地抑制乙烯的产生。

瓶插液：3%的蔗糖溶液＋100毫克/升硫酸铝＋150毫克/升柠檬酸＋100毫克/升氯化钴。

（3）贮藏　如在花蕾显色阶段或在花萼松散阶段采切，切花可在0～1℃下干贮4～6周，贮前在2℃下插入水中2～3小时，然后置于保湿包装箱中，直立放置，空气相对湿度维持在75%～80%。芍药切花在贮藏过程中易感染病害，影响切花质量和贮藏期。研究表明茉莉酮酸甲酯能延缓衰老和抑制病害发生。在包装芍药切花的聚乙烯袋中加入1块直径5厘米吸收了0.2毫升茉莉酮酸甲酯的脱脂垫，0℃贮藏后，能降低发病率，延长瓶插寿命，提高切花质量。

（4）运输　每10枝作为一扎，装入内置聚乙烯膜袋子的纸箱中，先在包装箱内放一张白纸或厚度为0.04毫米的聚乙烯膜作为衬里，第一层花束的花蕾直接面向包装箱两端的箱壁，其他花束依次放于其下层花束上，花蕾和花枝都要交错放置，不能重叠、挤压，每个包装箱，以存放100～200枝芍药切花为宜。花束放好后，用作为衬里的白纸或聚乙烯膜把所有花束包裹起来，然后用透明胶带封箱。预冷后在10℃以下的低

温下运输。

5. 批发商及消费者处理要求　消费者买到芍药切花后，应用锋利小刀斜削去基部1～2厘米的茎秆，以利于切花吸水，并迅速插入水中或瓶插液中。

（十四）大丽花

学名： *Dahlia pinnata* Cav

英文名： garden dahlia

大丽花又称大理花、天竺牡丹、东洋菊。原产墨西哥。大丽花为菊科大丽花属、多年生草本植物，株高1～3米。头状花序，具长梗，直径3～30厘米；舌状花位于花序外围，具白、橙、粉、红、黄、紫等色，有些栽培品种舌状花多数；管状花居于花序中部，呈黄色，有些栽培品种无管状花。

1. 采后流通中的主要问题　大丽花花色艳丽、花朵硕大，在我国绝大多数地区均可很好生长，但是其缺点是切花的瓶插寿命较短，且不耐挤压，因此一般不作长距离运输。

2. 切花采收

（1）采收标准　当花朵3/4开放或充分开放，外围花瓣开始衰败之前采切。采切过早，即使置于花蕾开放液中，花朵也可能不会开放。在这种情况下，那些最终开放的花朵质量很差。

（2）采收时间　由于大丽花吸水性差，宜选择在早晨或傍晚采切，采切后立即插入水中。

（3）采收方法　大丽花的茎、叶较脆，不耐挤压，故在操作上要多加小心。采切后，把花茎没入54℃热水中10～15秒。

3. 切花分级、包装

（1）分级　所采收的花材应该在具品种典型特征、无破损污染、视觉效果良好之前提下进行分级：一级切花的长度为60厘米左右，二级切花的长度为50厘米左右，三级切花的长度为40厘米左右。相同等级的切花长度之差，不宜超过标准的±2厘米。

（2）包装　将相同等级、品种的大丽花带梗花序10支一束捆绑固定。通常不做装箱处理，而仅将其插在水桶等容器中进行。最好随采随用，就近上市。

4. 切花综合保鲜技术

（1）保鲜液　瓶插保鲜大丽花切花可将其先用10％蔗糖＋0.2毫摩尔/升硝酸银＋200毫克/升8-羟基喹啉柠檬酸盐等预处液预处理或直接插于该溶液中。

（2）贮藏　应尽可能不贮藏切花，必要时可在4～5℃温度下贮于水中3～5天。

（3）运输　去除所有叶片，在水中或保鲜液中运输。

5. 批发商和消费者的处理方法　开箱后枝条略作修整即可。

（十五）大花飞燕草

学名：*Delphinium grandiflorum*

英文名：large flowered larkspur

飞燕草又称翠雀、百部草、鸡爪，为毛茛科翠雀属、多年生宿根花卉，其花形别致，酷似一只只燕子故名之。花径4厘米左右，形态优雅，惹人喜爱；高35～65厘米，茎具疏分枝，叶掌状全裂。总状花序，具3～15花，花瓣状，蓝色或紫蓝色，长1.5～1.8厘米。飞燕草对乙烯高度敏感，当其暴露在3微升/升乙烯浓度下24小时，切花即受害。硫代硫

（STS）处理和1-甲基环烯（1-MCP）处理可以减轻处源乙烯为害，增加采后寿命。尤为适合制作干花。

1. 流通中的主要问题　贮运中易发生花芽脱落的现象。

2. 切花采收

（1）采收标准　切花瓶插寿命约6～8天。对乙烯高度敏感，用STS处理可有效降低落花。含银的商业性花卉保鲜剂对鲜切花均有益。

（2）采收时间　对于鲜切花，在基部2～5朵花开放或多达1/3花朵开放或多达10～12枝一束（重的切花）或20枝一束（轻的切花）。对于制作干花，在花序上大部分花朵开放，但花瓣未脱落之前采切。

3. 切花分级、包装

（1）分级　首先清除收获过程中所带的杂物，丢掉损伤、腐烂、病虫感染和畸形花。然后根据目前我国已制定的切花、切叶、切枝等14种产品的国家标准、云南省鲜切花、切叶（枝）等级质量分级标准或购买者要求使用的分级标准进行分级。分级中要求鲜切花要边分级边放在装有清水或保鲜剂的容器中，每一个容器内只放置一种规格的产品，并在容器外清楚地标明品种、等级、数量等情况。

目前在国际市场上广泛使用的标准有荷兰拍卖市场标准、日本国家鲜切花标准、欧盟鲜切花标准等，国内将要启用的有昆明国际花卉拍卖市场标准。

分级后的鲜切花要根据相关标准或购买者的要求按一定的数量捆成束，一般以10枝或20枝为一束。注意在包扎时，只能在花茎基部捆扎，不能捆扎在花茎上部，以免弄断花头。每束用纸或玻璃纸进行包扎，并按规格贴上相应的标签。

（2）包装　采用保冷包装。为使预冷后的鲜切花在运输中保持低温，在装箱时，沿箱内四周衬一层泡沫板，同时在花材中间放冰袋；包装箱上应清楚地标明种类、品种、等级和数量。

4. 切花综合保鲜技术

（1）预冷　采用冷库预冷。直接把鲜切花放入冷库中，不进行包装，预冷结合保鲜液处理同时进行，使其温度降至2℃。该方法要求冷库有足够的制冷量，即冷空气以每分钟60～120米的流速循环。完成预冷后鲜切花应在冷库中包装起来，以防鲜切花温度回升。此法所需的预冷时间为几个小时，占据空间较大。

保鲜液有以下两种：

①花蕾催开液。运输之前，切花宜采用含STS的保鲜剂处理。

②瓶插保持液。飞燕草花蕾开放的适宜温度为19～21℃，空气相对湿度40%～70%，蔗糖浓度为每升20克，在糖液中加入每升25毫克的硝酸银和75毫克的柠檬酸，鲜切花具有最佳的品质。

（2）贮藏　采用湿贮方式。湿贮是将鲜切花放在水中或保鲜液里贮藏，这种贮藏方式不需要包装，切花组织可保持高的膨胀度。用于正常销售或短期贮存的切花，采切后立即放入盛有温水或温暖保鲜液（38～43℃）的容器中，再把容器与切花一起放在冷库中。湿贮温度多保持在3～4℃，比干贮温度略高一些。与干贮于0℃以下的切花相比，湿贮切花组织内营养物质消耗快一些，花蕾发育和老化过程也快一些。因此，湿贮贮藏期比干贮短一些。在湿贮期间，切花应保持干燥、不要喷水，以防灰霉病发生。

一般湿贮于水中，在4～5℃下保存1～2天。贮藏时注意垂直放置，不要离开水，不宜采用干贮。切花勿与水果、蔬菜及其他干燥切花放在一起。

（3）运输　鲜切花经过以上处理后运输到各销售地，运输过程中包装箱应水平放置，运输时温度最好能保持在4～5℃，空气湿度保持在95%～98%。

5. 批发商和消费者的处理方法

①收到切花后应再剪切，在pH3.5～4.0的温热净水中水合

处理。如果切花先前未被硫代硫酸银（STS）处理过，应在水合处理液中加入硫代硫酸银（STS）。

②使用一种保鲜液湿贮切花，贮藏温度 2～5℃。

③切花展示区不要过冷或过热，应避开风和成熟的水果。飞燕草尤为适合制作干花，可在 21～27℃温度下空气干燥 2～4 周，不必摘除叶片。切花亦可用干燥剂（如硅胶）脱水。

（十六）鹤望兰

学名： *Strelitzia reginae Banks*

英文名： bird-of-paradise flower、crane flower

鹤望兰又称极乐鸟花、天堂鸟，是旅人蕉科鹤望兰属、多年生宿根花卉。原产非洲南部。美国、德国、意大利、荷兰和菲律宾等国都盛产鹤望兰。我国自 20 世纪 90 年代以来，在广东、福建、江苏等地建立了鹤望兰种苗和盆花的生产基地。叶大姿美，花形奇特。

1. 采后流通中存在的问题　运输过程中植株因缺水萎蔫，导致落花落蕾，叶片黄化，降低品质。

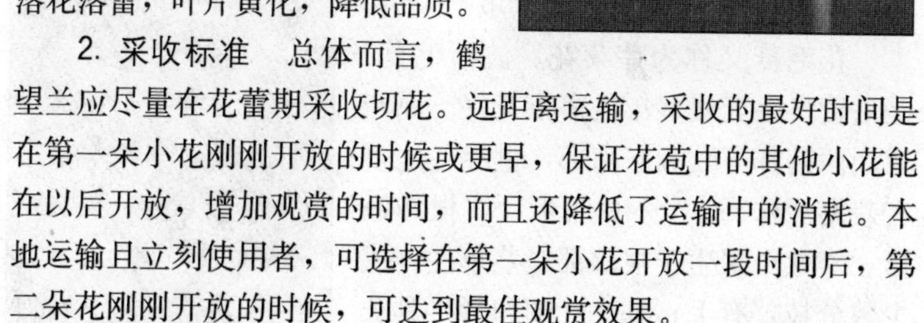

2. 采收标准　总体而言，鹤望兰应尽量在花蕾期采收切花。远距离运输，采收的最好时间是在第一朵小花刚刚开放的时候或更早，保证花苞中的其他小花能在以后开放，增加观赏的时间，而且还降低了运输中的消耗。本地运输且立刻使用者，可选择在第一朵小花开放一段时间后，第二朵花刚刚开放的时候，可达到最佳观赏效果。

3. 贮藏技术

（1）预冷处理　剪切后的鹤望兰切花迅速放置干净的水中或

预处理液中，置7～8℃冷库进行去田间热处理。

（2）冷库储存　经过预冷处理的切花枝条应在空气相对湿度为90%左右、温度在8～10℃的环境条件下干藏。

4. 运输技术　装箱操作要在冷库中进行，花头靠近包装箱两头，分层交替放置于包装箱中，箱中填充塑料碎屑或碎纸，防止运输过程中的挤压。运输的过程中，要注意车内的温度，冬季从南方运输到北方注意保温，夏季注意降温。

5. 保鲜剂处理技术

（1）预处理液　10%蔗糖+25毫克/升8-羟基喹啉柠檬酸盐+150毫克/升柠檬酸。鹤望兰鲜切花采收以后24小时以内进行，种植者在采收后到出售前使用。

（2）开放液　250毫克/升8-羟基喹啉柠檬酸盐+100克/升蔗糖+150毫克/升柠檬酸。常用于气候冷凉的季节、长期贮藏或长距离运输后花蕾不易开放的切花。

（3）瓶插液　10%蔗糖+25毫克/升8-羟基喹啉柠檬酸盐+150毫克/升柠檬酸；5%蔗糖+300毫克/升8-羟基喹啉柠檬酸盐+100毫克/升柠檬酸+150毫克/升STS+100毫克/升氯化钴+25毫克/升EDTA-二钠。

（十七）花毛茛

学名： *Ranunculus asiaticus*

英文名： persian buttercup

花毛茛又称为芹菜花、波斯毛茛，是毛茛科毛茛属多年生宿根花卉。原产亚洲西南部至欧洲东南部，世界各地多有栽培。株高20～40厘米，块根纺锤形，常数个聚生于根颈部；茎单生，或少数分枝，有毛；基生叶阔卵形，具长柄，茎生叶无柄，为2回3出羽状复叶；花单生或数朵顶生，花径3～4厘

米；花期4～5月。分布于亚洲和欧洲。现世界各国均有栽培。栽培品种很多，有重瓣、半重瓣，花色有白、粉、黄、红、紫等色。

1. 采后运输中出现的问题　花朵萎蔫，颈弯曲，甚至折断，易脱水。

2. 采收标准　收获部位为花毛茛的带梗花朵。当花朵充分透色时即可采收，操作最好在上午气温较低时进行。产品先暂放在阴凉之处，尽快预冷处理。

3. 贮藏技术

（1）预冷处理　采收后的花应立即浸入水中，置于阴湿环境下，防止阳光暴晒，尽快入冷库进行1～2℃的预冷，所需时间根据具体情况而定。

（2）冷藏处理　空气相对湿度为90%～95%，温度为2～4℃的环境中进行贮藏。时间为3～5天，过长会影响切花品质。

4. 运输技术　当储运时，花毛茛仅可短期干藏。在开箱后需马上将其插入水中，亦可使用市售保鲜液延长瓶插寿命。

5. 保鲜剂技术　花毛茛切花向地性很强，容易软化、弯曲和折断。对花毛茛切花进行预处理时，在预处液中加入一定量的钙和钾，具有增强花枝硬度、改善插花品质的作用，对延长切花的瓶插寿命效果显著，但高糖浓度（大于1.5%）处理会使花毛茛叶片发生黄化。柠檬酸70毫克/升＋硝酸银50毫克/升＋碳酸钙10毫克/升＋K_2SO_4 1克/升＋1%蔗糖＋聚乙烯月桂醚100 100毫克/升的处理效果较好。

三、球根切花

（一）六出花

学名： *Alstroemeria* spp.

英文名： alstroemeria、peruvian lily

六出花为石蒜科六出花属、多年生草本，原产智利。六出花别名秘鲁百合、秘鲁六出花、橙六出花、黄花百合水仙、黄花洋水仙。高60～120厘米，叶多数、叶片披针形、有短柄或无柄，伞形花序、花10～30朵、花被片橙黄色、水红色等，内轮有紫色或红色条纹及斑点。花期6～8月。六出花花色美丽、花期较长、是良好的瓶花材料，目前在我国的应用也日渐普及。

1. 采后运输中出现的问题　叶片发黄，花朵萎蔫，嫩花枝折断，花朵畸形，花色变暗，花瓣脱落。

2. 采收标准　在花朵开始显色时采切最好。本地销售的切花在花茎上头三朵花开放时采切。

3. 贮藏技术　六出花切花以干藏为主。可将所采收的成品在预冷后进行分级，每10枝一束进行捆绑码入箱内，然后立即将其置于空气相对湿度为90％～95％的环境中进行贮藏，存放地点不需要光照，贮藏温度为2～5℃，六出花切花最好先用1毫摩尔/升的STS于20℃的温度下浸泡花茎基部处理30分钟，以减少乙烯的伤害。所用的保鲜液由50毫克/升的柠檬酸＋3克/升的蔗糖配制而成，贮藏时间可达7～10天。

4. 运输技术　采用保冷包装，为使预冷后的鲜切花在运输中保持低温，在装箱时，沿箱内四周衬一层泡沫板，同时在花材中间放冰袋；包装箱上应清楚地标明种类、品种、等级和数量。

装好箱后即可发货，在货场中应采用强制性冷空气（forced air cooling）制冷的方法进行冷处理，六出花在4℃下可湿贮藏2～3天，在0.5～2.0℃下干贮藏约7天。

5. 保鲜剂处理技术　瓶插保鲜剂可使用1％蔗糖＋200毫克/升8-羟基喹啉盐＋25毫克/升硝酸银＋50毫克/升硫酸银＋50毫克/升硫酸铝，瓶插期达22天。

6. 零售商和消费者的处理方法

①收到切花后立即再剪截，去除下部的叶片，然后在STS脉冲液中处理。

②进行水合处理约2小时，然后转入一种含糖量较低的保鲜液。

③储存在2℃温度下。

（二）郁金香

学名： *Tulipa gesneriana*

英文名： tulip

郁金香为百合科郁金香属的球根花卉。郁金香原产东亚土耳其一带，别名洋荷花、草麝香。被誉为“郁金香王国”的荷兰引进第一颗郁金香是在16世纪末期。我国19世纪开始引进。依生长地区纬度不同而花期各异，普遍约在3月下旬至5月上旬。茎叶光滑具白色，花单生茎顶。切花栽培品种极多，花色有白、黄、橙、红、粉、紫等单色及复色；花型有卵形、碗形、杯形、百合形等；花瓣有全缘、锯齿、皱边、波形等；花期冬季至翌年春季。郁金香花朵大而美丽，花色娇艳，花型整齐，可用于各种花卉装饰和插花。

1. 采后流通中的主要问题　花朵不能充分开放、弯茎、花朵脱落萎蔫、负向地性弯曲、花枝基部腐烂易折断。

2. 采收标准　郁金香最佳采切期因品种而异。一般在花朵的1/2着色时采切。采后立即置于温度为2℃和空气相对湿度85％以上的环境下。如果采后立即上市销售，可待花蕾充分着色后采收。

3. 贮藏技术

（1）预冷处理　郁金香花采收后带有田间热和呼吸热，因此在入库前一定要先进行预冷，特别是在环境温度较高的季节，如直接入库贮藏，由于产品的热量散发不了，不但降温慢、增加湿度，而且容易使产品结露而腐烂。

（2）冷藏库贮藏　一般贮藏于高温库，高温库内温度通常为0～10℃，空气相对湿度为85%～90%。水平方向放置只能贮藏1天，直立方向放置可以贮藏5天。如果将切花水平放置，容易造成花茎弯曲。如果发生花茎弯曲，可以用打湿的纸巾卷起，再用报纸包裹起来在凉爽的地方放置2～3小时就可以将花茎扳直。对于花期很短的品种，湿式贮藏在10℃下可以冷藏3天，在0～1℃下可以保藏6天；对于花期很长的品种，如阿拉丁和路斯蒂等，在0～10℃低温下贮藏可以延长3天。一般的品种在花蕾着色之前采收，在－0.5～0℃的低温下可以贮藏2～3周。冷藏的适宜温度为0.6～1.7℃，空气相对湿度为90%。由于水仙容易产生乙烯气体，应该避免与水仙花同室冷藏。

4. 运输技术　可干储（水平放置）或湿储（垂直放置）在2℃温度下，花头用塑料薄膜紧密包裹，但不宜长期储存。一些品种在绿蕾阶段连带鳞茎一起收获，在0℃温度下可以贮藏2～3周。长距离运输时最好将切花直立放置，为了防止切花损伤，包装不要过紧，以防止CO_2浓度过量积累。

5. 保鲜剂处理技术　防止郁金香切花花茎向光弯曲，瓶插液可用25毫克/升嘧啶醇溶液，或用50～100毫克/升嘧啶醇溶液喷洒切花；延缓衰老，延长保鲜期，可用300毫克/升8-羟基喹啉柠檬酸盐＋50毫克/升矮壮素＋5克/升蔗糖混合液处理。

6. 零售商和消费者的处理方法

①对花茎进行再剪截，把切花插入15～20厘米深的水中，花头用塑料薄膜包裹，在室温下水合处理，直至切花坚挺。

②切花储存在2℃温度下，瓶插寿命最长。

③插花应放在冷凉、无风的环境下，不要靠近火炉。郁金香具有趋光性，室内光线应分布均匀，以免引起弯茎现象。

④不要把郁金香和水仙花同置一个容器中，否则郁金香寿命会缩短。郁金香可能引起手掌皮肤红肿，处理时应小心。

（三）百合

学名：*Lilium* spp.

英文名：lily

百合为百合科百合属多年生球根草本植物。地下具鳞茎，外无皮膜，由肉质鳞片抱合成球形，内部中央有芽；茎直立不分枝，茎秆基部带红色或紫褐色斑点；单叶互生，叶脉平行；花着生于茎秆顶端，呈单生、簇生或总状花序；花冠较大，花筒较长，呈漏斗形喇叭状；花色多为黄色、白色、粉红、橙红，花瓣有的具紫色或黑色斑点，自然花期5～8月。

1. 采后流通中的主要问题　百合切花采收过早，花朵不能充分开放；叶片黄化、脱落等；部分品种对乙烯敏感，易遭受乙烯的伤害。

2. 采收标准　百合类切花因种类不同采收标准差别较大，切花采收成熟度要根据切花种类和实际需要进行选择。

（1）东方型百合、亚洲型百合

①花苞已发育完全，但未显色，在此阶段采收，成熟度太小，开花后的花色不良，开花数减少，品质低下，为不适宜采收阶段。

②基部第一朵花苞已经转色，但未充分显色。适宜夏秋季远距离运输销售。可安全贮藏约4周左右。

③基部第一朵花苞充分显色，但未充分膨胀。适宜冬春季远

距离运输和夏秋季近距离运输销售。

④基部第一朵花苞充分显色和膨胀，但仍然紧抱，第二个花苞开始显色。适宜冬季近距离运输和就近批发出售。

⑤基部第一朵花苞充分显色和膨胀，花苞顶部已经开绽，第二、三个花苞显色。此阶段采收，成熟度过大，运输、销售过程中花瓣容易受伤，不适宜运输，仅适宜就近销售。

（2）铁炮百合

①花苞已发育完全，但未显色前，为不适宜采收阶段。

②花蕾已转色，但未充分显色，适宜夏秋季远距离运输销售。

③花蕾已充分显色，但未膨胀，适宜冬春季远距离运输和夏秋季近距离运输销售。

④花蕾已充分显色和膨胀，但仍未开放，适宜冬季近距离运输和就近批发出售。

⑤花蕾已充分显色和膨胀且顶部已开放，不适宜运输，仅适宜就近销售。

3. 贮藏技术　百合可干藏也可湿藏。干藏时将花材密封于塑料袋中，在0～1℃的温度下贮藏4～6周。注意干藏的百合鲜切花要在花序上最低的花蕾开始显色时采切，并立即用含有STS、每升70克蔗糖和1克赤霉酸的水合液，在20℃下处理24小时。也可在贮藏前用STS加10％蔗糖液脉冲处理24小时。若采用湿藏，鲜切花要在花蕾未显色前采收，先进行水合处理（同干藏），然后放入盛水的容器中在0～1℃下贮藏4周。冷库贮藏时要求库内的温度变化不超过1℃，并在任何的位置上随时间的变化不宜超过0.5℃，因温度波动会使水蒸气凝结在植物材料和包装纸或膜上，增加其感染病害的危险性，尤其是灰霉病的感染。

4. 运输技术　百合鲜切花由于叶片多、宽大，易受损，因此在整理包装过程中要轻拿轻放，避免损伤叶片及花蕾，尽量缩

短分级、整理与包装时间。运输过程中多采用保冷包装，且包装箱应水平放置，运输时温度最好能保持在1～4℃，空气相对湿度保持在95%～98%。即在装箱时沿箱内四周衬一层泡沫板，同时在花材中间放冰袋，使其在运输中保持低温。并在包装箱上清楚地标明种类、品种、等级和数量。

5. 保鲜剂处理技术　采收后的百合切花应尽早运入冷库中进行预冷，以利于除去大量的田间热，减弱切花的呼吸作用，延长切花的瓶插寿命。预冷可与保鲜液处理同时进行。但不同的百合类型使用的预处理液不同，亚洲系杂种对乙烯特别敏感，首先要使用STS进行处理，而东方型百合对STS敏感，预处理时要避免使用STS。建议使用预处液如下：

①每升添加100克蔗糖且含0.2毫摩尔（根据总论的方法将STS配制成1.0毫摩尔/升后，用水稀释5倍即成0.2毫摩尔/升）的STS，同时加入0.1克赤霉素（GA_3）和50毫克硝酸银，处理24小时。

②4毫摩尔/升STS室温下处理20分钟或1.0毫摩尔/升的STS室温下处理2小时（2～5℃的冷库中处理18小时），为防止叶片黄化，可添加0.2克赤霉素（GA_3）。

③对于亚洲系百合，用STS进行脉冲处理是必不可少的，而其他类型的百合因STS对其有害，可将上述保鲜剂中的STS成分去除，使用白砂糖、硝酸银、赤霉素和8-羟基喹啉柠檬酸盐进行保鲜处理，浓度及时间与上述处理方法相同。

④可用市场上销售的保鲜剂或者企业自行配置的保鲜剂，根据具体情况进行选择。

6. 零售商和消费者的处理方法

①收到或买到切花后，立即解开包装，再剪截花茎，去除下部叶片，去掉成熟的雄蕊。

②尽快进行水合处理，不要让切花再脱水。

③硫代硫酸银（STS）脉冲液处理后，可把切花转入水中或

保鲜液中。由于百合的叶片比花朵衰老的快，叶片易于黄化或褐化。为了解决这一问题，可以试用让切花在200毫克/升赤霉素（GA_3）液中处理24小时，或在瓶插保持液中加入50毫克/升的赤霉素。这一措施可改进百合叶片的质量，延长其储存寿命和展示时间。

④瓶插百合应远离成熟的水果，以防止乙烯的负面影响。

（四）唐菖蒲

学名： *Gladiolus hybridus*

英文名： hybrid gladiolus

唐菖蒲又名菖兰、剑兰、扁竹莲、什样锦、十三太保，为鸢尾科唐菖蒲属多年生球根花卉。茎基部扁圆形球茎，无分枝或少有分枝；叶硬质剑形，叶嵌叠状排列；花茎高出叶面，穗状花序着花排成二列；花期夏秋季节，花色有红、黄、白、紫、蓝等深浅不同或具复色品种。

1. 采后流通中的主要问题　在包装箱横置过程中容易出现负向地性弯曲，基部小花和顶部小花开放不整齐，顶部小花往往不能充分开放。且贮藏过程中容易出现灰霉病。

2. 采收标准

①花序最下部1～2朵小花都显色而花瓣仍然紧卷时，适合于远距离运输和贮藏。

②花序最下部1～2朵小花都显色，小花花瓣未开放时，可以兼做远距离和近距离运输。

③花序最下部1～2朵小花都显色，其中基部小花略微呈展开状态，适合于近距离运输或就近出售。

④花序最下部7朵小花都显色，其中基部小花已经开放，应

就近快速销售。

3. 贮藏技术　采收后应立即用保鲜剂处理。对于多数品种，贮藏运输最适合的温度为7～10℃，贮藏14天后仍有较长的瓶插寿命。少数品种在2℃时易遭受冷害，贮藏后小花不能正常开放。贮藏运输时要用保湿材料包裹，以防蒸腾失水。无论在贮藏还是运输中，唐菖蒲的花茎必须直立以免负地性弯曲。

4. 运输技术　运输过程中通常采用保湿材料包裹唐菖蒲切花后，分层直立于箱中，花朵朝外，每10扎或20扎为一箱。为避免负地性弯曲，以直立式运输最为理想。对于多数品种，要求温度在8～10℃，空气相对湿度保持在85%～95%为最佳。

5. 保鲜剂处理技术　采收后的唐菖蒲切花应尽快运入冷库中进行预冷，预冷的温度为0～1℃，空气相对湿度95%～98%。预冷的时间随箱的大小和采用预冷的方法而不同，预冷后，花枝应始终保持在冷凉处，使花保持恒定的低温。在生产上常用的预冷方法还有水冷和气冷。预冷和保鲜液处理可同时进行。

常用的唐菖蒲预处液或催花液如以下配方：

①20%蔗糖。

②4%蔗糖+6 000毫克/升8-羟基喹啉盐。

③20%蔗糖+200毫克/升8-羟基喹啉盐+500毫克/升硝酸银+50毫克/升硫酸铝。

④4%蔗糖+150微克/克硼酸+100微克/克氯化钙。

⑤5%蔗糖+5毫克/升硝酸银+300毫克/升8-羟基喹啉硫酸盐+适量酸化剂。

使用保鲜液的唐菖蒲切花平均观赏期比不使用保鲜液的唐菖蒲切花观赏时间延长6～7天。

6. 零售商和消费者的处理方法

①解开包装后，应再剪截花茎，去除顶部几朵小花，以减轻弯茎现象，促进其余小花开放。

②水合处理：用无离子水配制水合液，加柠檬酸把pH调整

到 3.5。

③脉冲处理：先在 1 000 毫克/升的硝酸银溶液中脉冲处理 1 小时，然后转入 20％的蔗糖溶液，在 20℃下脉冲处理 24 小时；或者在每升水中加 50 毫克硝酸银＋300 毫克硫酸铝＋250 毫克 8-羟基喹啉柠檬酸盐＋200 克蔗糖的混合溶液，在 20℃下处理 20 小时。

④保鲜液除了采用上述瓶插保持液外，还可以先把切花插入一种温暖的保鲜液（每升水中加 300 毫克 8-羟基喹啉柠檬酸盐＋100 克蔗糖）中，在 20℃下处理 24～72 小时，然后转入净水。这种处理法可以促进花蕾开放，改进切花品质，延长瓶插寿命。

⑤处理过的切花可包在纸里，直立存放在箱子中，储存温度 2～5℃。

⑥消费者使用干净温暖的水，加入一种保鲜剂即可，不一定要用无离子水。把花穗顶部几朵小花去除，可使余留的花开放整齐。

（五）马蹄莲

学名： *Zantedeschia hybrida*

英文名： lily of the nile、calla lily

马蹄莲又名慈姑花、蕃海芋、观音莲、喇叭花、水芋、野芋，为天南星科马蹄莲属多年生球根花卉。肉质块茎深褐色、肥大。叶基生，叶片箭形或戟形，亮绿色，全缘。花茎顶端着生鲜黄色圆柱状肉穗花序，外围有大型佛焰苞片，佛焰苞片似马蹄状，有白色、黄色、粉红色、红色、紫色等。盛花期3～4 月。

1. 采收标准　在佛焰苞已完全开展并显色，但花粉未散开前采收为宜。

2. 贮藏技术　不宜储存在低于6℃的温度下。已显色的彩色马蹄莲应保存在6～8℃，空气相对湿度为95%～98%的环境下，过低温度会伤害花朵。长时间湿藏时，需每2天换水1次。

3. 运输技术　采用储运保鲜凝胶保湿包装。为了减少运输过程中的水分蒸腾及延长切花瓶插寿命，在装箱前，先用0.04～0.06毫米的塑料膜进行密封包装，茎基部浸泡于保鲜凝胶中，该过程要求在冷库中进行，以减少薄膜内冷凝水的产生，运输温度以6℃为宜。在运输过程中包装箱应水平放置。

4. 保鲜剂处理技术　采收后立即采用6～8℃冷库预冷1小时后，再行分级包扎。

预冷完成后，茎基部需重切一次进行保鲜剂处理。参考配方为：

①120毫升LVB（可利鲜）+40毫升8-羟基喹啉柠檬酸盐（100毫克/千克）+250克蔗糖配置成20升水溶液；

②20克扑海因（50%可湿性粉剂）+40毫升8-羟基喹啉柠檬酸盐+200克蔗糖配置成20升水溶液。

5. 零售商和消费者的处理方法

①对切花再剪截，并进行水合处理。

②储存在6～8℃温度下。

（六）风信子

学名： *Hyacinthus orientalis*

英文名： common hyacinth

风信子又名洋水仙、西洋水仙、五色水仙、时样锦，为百合科风信子属多年生草本植物。鳞茎卵形，外被膜。肉质叶狭披针形，绿色有光泽。花茎肉质，总状花序顶生，花漏斗形，花有紫、白、红、黄、粉、蓝等色，还有重瓣、大花、早花和多倍体等品种。

1. 采后流通中的主要问题　由于花茎污染或根盘破损导致花蕾开放不全。

2. 采收标准　当花序开始着色，小花从花茎上分开时，切花风信子就可以采收了。花和种球一起从箱中取出，然后最重要的是尽快将风信子放在保持2℃恒温的冷库中，这是为了包装时能使产品保持低温水平。

接近茎部的最后层的鳞片要剥除，并保留茎基部的根盘，这样可使花在花瓶中开的更艳，并延长花瓶期。

3. 贮藏技术　风信子不适合低温贮藏，而且多数的冷库室内空气湿度高和温度的变动，极易发生霉菌，最好采用干贮。干燥贮藏最多可贮藏3天，为了使质量更好，也可以把它们插在清水中，每4升水中加一小块氯胺T以延长切花品质。短期贮藏最好要在小花分开后进行，贮藏时保持2℃左右的温度，空气流通尽可能使植株保持干燥。长期贮藏时应当小花开始分开才放入冷藏室进行，温度保持0.5～10℃，并确保充分的空气流通，保持叶和花序干燥，可使用空气循环机或冷气循环机。

4. 运输技术　采用保冷包装。5枝捆为一束，用纸或玻璃纸进行包扎，并按规格贴上相应的标签后装入带孔的纸箱中，沿箱内四周衬一层泡沫板，同时在花材中间放冰袋，包装箱上应清楚地标明种类、品种、等级和数量。运输车最好使用空调车，温度保持在2℃左右。经过以上处理后运输到各销售地，运输过程中包装箱水平放置。

5. 保鲜剂处理技术　采切后尽快将风信子放在保持2℃恒温的冷库中预冷，并用清水冲洗干净茎秆后，进行保鲜处理。保鲜

剂可使用各种市售保鲜剂。

（七）荷兰鸢尾

拉丁名： *Dutch iris*

英文名： iris

荷兰鸢尾又名蓝蝴蝶、球根鸢尾，为鸢尾科鸢尾属草本花卉。地下部分为卵圆形鳞茎。叶剑形，质地薄，从叶丛中抽出总状花序，花序顶生着花2～3朵，蝶形花。花色大多蓝紫色，也有黄色、白色品种。自然花期4～5月。

1. 采后流通中的主要问题

对乙烯敏感，容易产生水分流失而花蕾开放不完全、花茎下垂等。

2. 采收标准　不同的季节采收时期不同，秋天当花顶（花蕾完全着色的部分）着色长度达到3厘米就可以采收。而在春季或者夏季，花顶着色1厘米时即可切下。

3. 贮藏技术　采收后应立即送入2℃的冷藏室，如果花束中切花枝的间隔不是很紧密，切花枝温度可以很快下降，就可以减缓成熟过程，保持品质。冷藏室中也要保持干燥，湿度以不使花朵发干为准，以防花腐病。经过冷藏处理后，就可以取出花并扎捆。

秋冬采收的花扎捆后应浸入2℃的冷水中并放入室温为2℃的冷藏室中至少2小时，当感觉到切花枝变软时也应采用这种处理。冷藏中的空气相对湿度为90%～95%，以不使花朵发干为准，且贮藏的时间应尽可能短些，但是不能太短，否则品质会降低。

4. 运输技术　可采用浸水保湿运输，这样有利于促进其开花。也可采用干贮运输的方式，但浸水时间不宜少于 2 小时。在运输过程中，应除去基部多余的叶片，远离成熟的水果，并将鸢尾浸入水中运输，这样有利于促进其开花。每 10 枝一束，每箱装 200 枝运输。

5. 保鲜剂处理技术　以保鲜液中添加 30 毫克/升蔗糖＋200 毫克/升 8-羟基喹啉盐＋100 毫克/升柠檬酸＋50 毫克/升 6-苄基腺嘌呤效果最好。

（八）蛇鞭菊

学名： *Liatris spicata*

英文名： gay feather、dense blazing star

蛇鞭菊又称麒麟菊、马尾花、舌根菊、穗花合蓟等，菊科蛇鞭菊属花卉。

1. 流通中的主要问题　该切花对灰霉病敏感，叶片的衰败比花朵快。适宜制作干花。

2. 切花采收

（1）采收标准　一般在花序上部大约 1/2 的小花开放时采切，也可在花序上 3～4 朵花已开放时采切，在花蕾阶段采切的切花可以在保鲜液中发育，逐步开放。

（2）采收时间　清晨采收为宜。

（3）采收方法　齐枝条根部采收，采后切花先暂放在无日光直射之处，尽快预冷处理。

3. 切花分级、捆包装

（1）分级　按照相关标准或消费者要求进行分级后，按级别每 10 枝为一扎，每扎枝条基部最长和最短为 2～3 厘米。

（2）包装　通常采用 120 厘米×30 厘米×25 厘米的衬膜瓦楞纸箱进行包装后运输，注意衬膜、瓦楞纸箱上要设置透气孔。

4. 切花综合保鲜技术

（1）常用保鲜液

①脉冲处理液。每升水中加 200 毫克 8-羟基喹啉柠檬酸盐＋50 克蔗糖。

②花蕾开放液。每升水中加 1 000 毫克 8-羟基喹啉柠檬酸盐＋50 克蔗糖。

③瓶插保持液。每升水中加 360 毫克 8-羟基喹啉柠檬酸盐＋15～25 克蔗糖。

④800 毫克/升的 8-羟基喹啉柠檬酸盐＋50 毫克/升的柠檬酸＋5 克/升的蔗糖。

（2）贮藏：以干藏为主。可将所采收的成品在预冷后进行分级，每 10 枝一束进行捆绑码入箱内，然后立即将其置于空气相对湿度为 90%～95%的环境中进行贮藏，存放地点不需要光照，贮藏温度为 0～5℃，贮藏时间可达 7～14 天。

首先去除切花下部叶丛，在 pH 为 3.5 的干净热水进行水合处理，然后贮藏。最好采用湿藏。干藏会降低切花瓶插寿命，而储存在保鲜液中可以显著延长切花寿命；在 0～2℃温度下，切花在水中可湿藏 7 天左右，干藏约 5 天。

（3）运输：用于长途运输的切花，应在紧实蕾阶段采切。到达目的地后，用花蕾开放液处理。

5. 零售商和消费者的处理方法

①对花茎进行再剪切，去除没入保鲜液的花茎上的叶丛，然后进行水合处理。

②在室温条件下，用脉冲处理液处理切花 24～72 小时，然后转入一种瓶插保持液中。

（九）水仙

学名：*Narcissus*

英文名：narcissus daffodil

水仙为石蒜科水仙属的多年生鳞茎类球根花卉。水仙切花对

乙烯极其敏感，花朵在开放过程中乙烯生成量增加，进而促进衰老进程。花色从白色至黄色。可用于花篮、花钵等各种插花花艺装饰。

1. 采后流通中的主要问题

因乙烯气体环境而影响到花朵的正常开放，放置过程中花茎容易弯曲等。

2. 切花采收

（1）采收标准　花颈弯曲、花蕾开始膨胀时采收。如果花瓣还未从花苞中露出时采收，花朵小，瓶插寿命短。

（2）采收时间　采摘工作适宜在清晨或傍晚气温低时进行。

（3）采收方法　采切时用锋利的剪刀斜面剪切，避免压碎茎组织，否则会引起微生物感染组织从而阻塞导管，采收花茎的部位要尽可能靠近基部，以增加花茎的长度，剪下后要首先清除收获过程中的杂物，丢弃损伤、腐烂、病虫感染和畸形花，然后将采切下来合格的水仙切花，立即放入清水或保鲜液中，尽快放入包装间。

3. 切花综合保鲜技术

（1）保鲜液处理　水仙切花是乙烯敏感型花卉，乙烯有促进衰老的作用，最终导致切花凋谢变质，所以应尽量避免与水果和其他能产生乙烯气体的物品放置在一起。使用STS脉冲处理可以减轻乙烯为害。

预处液的主要成分是25～60毫克/升硝酸银，2%～7%蔗糖以及20毫克/升GA等。其中GA的作用主要是用来促进花朵盛开、延长瓶插寿命。

瓶插液主要成分是200毫克/升8-羟基喹啉柠檬酸盐和2%蔗糖。

（2）贮藏　干藏或湿藏均可。温度1～2℃、空气相对湿度

90%的条件下可以存放 7 天左右。在 100% N_2、4℃条件下能干藏 3 周。为了防止花颈弯曲，贮藏时最好能够直立放置。

(3) 运输　通常采用纸箱包装，低温运输。

4. 消费者的处理方法　消费者买到水仙切花后，应立即从包装箱中取出，斜剪茎基部 1～2 厘米，以便于切花更好地吸水，然后插于干净清水中或保鲜液中，以后每天换水防止细菌大量滋生堵塞导管，从而降低水仙切花瓶插。

(十) 晚香玉

学名： *Polianthes tuberose*

英文名： tuberose

晚香玉，又名夜来香，花白色，浓香，夜间尤烈。为石蒜科晚香玉属多年生球根草本花卉。嫩茎自地下茎顶端抽出。基生叶簇生，带状；茎生叶线状披针形，越向上越短小，全缘。长穗状花序生于茎顶，每花序有花 18～32 朵，成对着生，自下而上陆续开放。花被筒状细长，近基部弯曲，裂片 6；花白色，喇叭状，有浓香，夜晚尤甚。高生型品种花茎长，花朵较大，每个花序有花 24～32 朵，最适于切花。

1. 采后流通中的主要问题　花瓣和花丝（雄蕊）脱落，茎叶黄化等。

2. 切花采收

(1) 采收标准　在花序基部有 2～3 朵花开时，其余花蕾显色时为切花采切适期。如有必要，可在 1/2～3/4 的花朵开放时采切，但基部的花尚未开始褪色。

(2) 采收时间　剪取的时间宜在下午，此时花葶顶端笔直，如果在上午采收，花顶端常常是曲而不挺，有损美观和降低价值。

（3）采收方法　收获部位为晚香玉的带梗花序，剪取时应从基部剪断而不留残茎，然后立即插入清洁的水中，尽快预冷处理，以防止失水萎蔫。

3. 切花分级、包装　所采收的花材应该在具本种典型特征、无破损污染、视觉效果良好的前提下按大小、质量及枝条长短进行分级。按枝条长度一般分为三级，一级切花的长度为100厘米左右，二级切花的长度为90厘米左右，三级切花的长度为80厘米左右，相同等级的切花长度之差，不宜超过标准的±2厘米。相同等级的切花中小型20枝一束或12枝一束，大型切花10枝一束捆绑固定。

用玻璃纸包扎，分别码入标有品名、具透气孔的衬膜瓦楞的纸箱中运输到各销售地。

4. 切花综合保鲜技术

（1）预冷　为了快速去除田间热，采用冷库预冷。直接把鲜切花放入冷库中，不进行包装或不封闭包装箱，使花枝散热，直到理想的温度，冷室内不包装花枝预冷的温度为0～1℃，空气相对湿度95%～98%，预冷后，花枝应在冷库中包装起来，始终保持在冷凉处，使花保持恒定低温，预冷的时间为几个小时。

（2）保鲜液处理　为延缓衰老，延长保鲜期，促进小花蕾开花，可用50～200毫克/升细胞分裂素喷洒花序，或用300毫克/升8-羟基喹啉柠檬酸盐+100毫克/升柠檬酸+3克/升蔗糖混合液处理，贮藏保鲜期可达7～10天。

（3）贮藏　可把切花置于空气相对湿度为90%～95%，温度为6～10℃的环境水藏或干藏。若贮藏温度过低，花蕾将不开放，贮藏时间为3～4天，过长会减少香味和降低品质。

（4）运输　运输过程中包装箱应水平放置，运输时温度最好能保持在6～10℃，空气相对湿度保持在90%～95%。

5. 批发商和消费者的处理方法　消费者买到晚香玉后，去

除下部叶片，用剪刀剪去鲜切花茎端，置于新配制的保鲜液中，并避免把鲜切花放在温度过高、光照过强、风速较大的地方，以防止水分蒸腾过快而萎蔫。

（十一）小苍兰

学名： *Freesia refracta*

英文名： common freesia

小苍兰又名香雪兰、素香兰、剪刀兰、麦兰、苍兰，为鸢尾科香雪兰属多年生草本植物。地下具肉质球茎，外被棕褐色薄膜。叶片线状箭形。花茎直立，通常单一或分枝，顶生穗状花序，花序轴呈近直角状横折。花漏斗状，偏生一侧，花色丰富，花香浓郁。

1. 采后流通中的主要问题　小花不能充分开放；对乙烯、氟非常敏感，接触后会引起叶焦，阻止花蕾开放等。

2. 采收标准

①花茎基部第一朵花苞膨大，但还比较紧实时采切，适用于远距离运输和贮藏。

②基部第一朵花苞充分膨大，但还紧实，可以兼做远距离和近距离运输。

③基部第一朵花苞开始松散，适合于近距离运输和就近批发出售。

④基部第一朵花苞完全松散，必须就近很快出售。

3. 贮藏技术　应避免和水果或水仙鳞茎一同存放，因水仙花茎分泌物将会缩短小苍兰的瓶插寿命。若需短期贮藏，可将其保存在2～4℃、空气相对湿度为90%～95%的环境中，但要确保花朵本身干燥；若需要较长时间贮藏，可将花枝插在2～4℃的水中，但水中不能含有氟化物。

4. 运输技术　采用储运保鲜凝胶保冷包装。花朵易擦伤，在操作时要小心。为使预冷后的鲜切花在运输中保持低温，在装箱时，沿箱内四周衬一层泡沫板，同时在花材中间放冰袋，包装箱上应清楚地标明种类、品种、等级和数量，茎基部浸泡于保鲜凝胶中，运输温度以2～4℃为宜。包装箱应水平放置。

5. 保鲜剂处理技术

①水合处理液。把无离子水或质量好的自来水的酸碱度用柠檬酸调节到pH3.5，水中不要含氟。

②1-MCP处理。

③瓶插保持液。4%的蔗糖+0.015%的硫酸铝+0.2%的硫酸镁+0.1%的硫酸钾；或每升水中加250毫克8-羟基喹啉柠檬酸盐+70毫克矮壮素（CCC）+50毫克硝酸银+60克蔗糖。

④切花采后可插入200毫克/升8-羟基喹啉柠檬酸盐+70毫克/升矮壮素+500毫克/升硝酸银+3克/升蔗糖混合液，或用300毫克/升8-羟基喹啉柠檬酸盐+50毫克/升激动素+5克/升蔗糖保鲜液中，可明显延长切花瓶插期。

6. 零售商和消费者的处理方法

①对花茎再剪切后置于含有硫代硫酸银（STS）的水合处理液中放置2小时。

②置于一种保鲜液（如可利鲜）中。

③储存温度2～5℃。

④使切花远离成熟的水果，不要把小苍兰和水仙花放在同一插花瓶中。

四、木本切花

（一）月季

学名： *Rosa chinensis*

英文名： cut rose

月季为蔷薇科蔷薇属半灌木。月季切花是世界花卉市场上最重要的切花之一。叶互生，奇数羽状复叶，叶面平整，有光泽。花单生茎顶，花重瓣，花形、花色丰富。其花型高雅，色彩绚丽，气味芬芳，被称为“花中皇后”，深受人们的喜爱。尤其是节假日期间的用量和价格更是惊人，达到平常的数十倍之多。切花月季颜色鲜艳，花色和花型繁多。切花品种要求花大、色艳、形美、枝长和花瓣厚硬，近年来不断有新品种出现。绝大部分品种可按花色分成红色系、黄色系、粉色系、白色系和复色系，生产上一般以红色系品种为主。现在切花月季的种类多达一百多种。

1. 采后运输中出现的问题　花朵萎蔫，花瓣擦伤、脱落，花茎弯曲，甚至折断，叶片发黄。

2. 采收标准　月季的采收时期因品种和销售途径不同而异。一般红色品种和粉红色品种在萼片下垂、外层花瓣开始松散时采收，黄色品种在花朵萼片水平时开始采收，白色品种不易开放，采收宜晚。本地销售或短距离运输宜在初开期采收，远距离销售宜在蕾期采收。一天之中，下午 4：30 采收的切花寿命比上午 8：00 采收的寿命长约 11%。这是因为经过一天的光照，累积了较多的碳水化合物。但实际上通常是运输方式影响了具体的采收时间。

3. 贮藏技术

（1）包装贮藏　使用高聚膜袋包装月季切花效果最好，其次为低聚膜袋和聚丙烯膜袋，并且聚乙烯包装通过降低包装袋内 O_2，提高 CO_2 浓度可有效抑制呼吸强度和乙烯生成量的增加，延长瓶插寿命，并且厚膜比薄膜的效果更好。用瓦楞纸箱包装月季花比无任何包装的贮存效果要好；经过喷洒液体石蜡的瓦楞纸箱是月季花运输包装的较好微环境，加上保鲜剂的使用（无调湿剂），可延长贮存期到 9 天，优于现有的瓦楞纸箱，后者仅达 2 天。

（2）低温贮藏　在流通过程中保持低温环境对月季的采后品质极为重要。月季的贮藏分为湿冷藏和干冷藏两种：干冷藏在 0℃下，保存时间可达 15 天，并且节省贮藏空间；湿冷藏不需包装，月季插在保鲜液中，占据空间大，贮藏温度 3～4℃。

（3）气调贮存　气调贮存通过控制贮存环境中 O_2 与 CO_2 的含量来延长切花的寿命。一般月季贮存的最佳气体组分为 0.5% O_2 和 5%的 CO_2。

（4）低压贮藏　将切花置于空气压力低于 1.013×10^5 帕的低温高湿密闭贮室中保存，由于减压降低了贮存环境中 O_2 的含量和乙烯的释放量，切花寿命明显延长。

4. 运输技术　短距离运输和运输时间不超过 20 小时，可用无冷藏设备但隔热的货车。超过 20 小时，要用有冷藏设备的汽车，车内要保持良好的空气流通。空运速度快，但成本高，一般用集装箱包装运输。海运价格便宜，但运输时间长。

5. 保鲜剂处理技术　瓶插保鲜液可用 200 毫克/升 8-羟基喹啉柠檬酸盐＋50 毫克/升细胞分裂素＋4 克/升蔗糖，或用 200 毫克/升 8-羟基喹啉柠檬酸盐＋60 毫克/升激动素＋4 克/升蔗糖，或用 300 毫克/升 8-羟基喹啉柠檬酸盐＋100 毫克/升苯甲酸钠＋4 克/升蔗糖混合液处理，贮藏保鲜期可达 7～14 天。

6. 零售商和消费者处理方法

①切花到达后，立即解开包装，小心去除茎基叶片及老化、折损叶片，用锋利的刀剪在水中再剪截茎端。

②水合处理。将剪截后的切花于水合处理液（pH3.0 的柠檬酸溶液）处理 30～60 分钟，水温保持约 40℃。

③保鲜液处理。将月季切花置于300～700毫克/升柠檬酸+10～20克/升蔗糖+60～100毫克/升8-羟基喹啉柠檬酸盐溶液中低温贮藏或直接瓶插。

④消费者瓶插观赏月季切花期间，不要把切花放在温度过高、光照光强或通风的地方，避免切花因水分蒸腾过快而萎蔫。

（二）牡丹

学名： *Paeonia suffruticosa*

英文名： subshrubby peony

牡丹又名木芍药、花王、洛阳花等，为毛茛科、芍药属落叶小灌木。株高1～2米，羽状复叶，互生，顶生小叶卵形至倒卵圆形，侧生小叶长卵圆形。花顶生，花色丰富，自然花期为4～5月。

1. 采后流通中的主要问题　牡丹切花运输过程中叶色容易变黄、花蕾开放率低、花朵失水萎缩。

2. 采收标准　根据市场需求的远近确定牡丹切花的采收适期（若特殊消费需要，可利用温室促控栽培）。市场远的一般宜在开花前的1～2天切取，这样有利于保证牡丹切花的正常花色，有利于贮藏和运输。市场近的一般宜在花蕾外瓣稍微张开时为切花适期。

采切时间是每天早晨露水干之前，采后立即放入盛水的容器中，并及时修剪去掉下部多余的复叶。根据客户的要求分级、分类绑扎，包装。

3. 贮藏技术　将切花用2～4摩尔/升STS处理后密封于塑料袋内，常温下可保存3天。低温（2～3℃）冷藏30天都能正常开花，但15天以上要用吸水纸包扎花蕾，否则花蕾易积水发霉。

4. 运输技术　经硫代硫酸银（STS）溶液处理后，采用牡丹切花花枝下端加装有保鲜液的塑料管以延长其瓶插寿命。运输温度保持在5℃冷藏运输。按长度分级，10株一束，用玻璃纸包装后装箱运输上市。

5. 保鲜剂处理技术

①葡萄糖15克/升、蔗糖5克/升、硼砂50毫克/升、硫酸钾450毫克/升、硫酸铝250毫克/升混匀，并加入医用氯霉素3毫升，可延长鲜花寿命5倍左右。

②3%蔗糖＋200毫克/升8-羟基喹啉硫酸盐＋50毫克/升$CoCl_2$＋20毫克/升黄腐酸。

③3%蔗糖＋200毫克/升8-羟基喹啉硫酸盐＋50毫克/升B_9。

（三）帝王花

学名： *Protea* spp.

英文名： himalayan birch、protea cynaroides

帝王花为山龙眼科、普罗帝属常绿灌木，以其巨大的花魁、异常美丽的色彩与优雅的造型脱颖世界名贵花卉，号称花中之王。多年生、多花，植物生命期可达100年以上。既适宜在花园或花盆种植，又是优良的鲜切花，还适合制作干花。帝王花切枝粗壮，切枝叶片坚硬，花穗较大、有单色彩或多色彩类型，花色有黄、橙、红、褐、紫红和绿色；耐贮藏运输，可作干花。

1. 采后运输中出现的问题　叶片或枝条极易在运输中脱落或折断。

2. 采收标准　在花的顶部苞片微开时采收。采收最好在早晚气温较低时进行。采收时用锋利的剪刀，随修剪方式和株型进行采切，一般从分枝处10～15厘米剪切。采花后应尽量避免阳光直射，尽快放在盛水的容器中并置于遮阴处。

3. 贮藏技术

（1）预冷处理　可将所采收的成品，插放在盛水的容器中置于遮阴预冷或放在5～8℃冷库保湿预冷。

（2）保鲜液处理　采收后建议用柠檬酸和STS溶液进行处理，前者将水的pH调至3.5左右，后者则主要是为了去除乙烯。

4. 运输技术　采用保冷包装，为使预冷后的鲜切花在运输中保持低温，在装箱时，沿箱内四周衬一层泡沫板，同时在花材中间放冰袋；包装箱上应清楚地标明种类、品种、等级和数量。

装好箱后即可发货，在货场中应采用强制性冷空气（forced air cooling）（2～4℃）制冷的方法进行冷处理。

5. 保鲜剂处理技术　切花到达批发商及消费者手中后，应尽快打开包装。在花茎端1～2厘米处再斜剪切，并置于清水或可利鲜保鲜剂溶液中，消费者可作干花扦插。

（四）金丝桃

学名：*Hypericum monogymum* L.

英文名：hypericum

金丝桃为藤黄科火龙珠属小灌木。金丝桃又名丝海棠、土连翘、小汗淋草、小过路黄、小对月草、贯叶连翘、小对叶草、圣约翰草，花期6～7月，对土壤要求不严，耐旱、耐寒、适应性强。适宜在庭院、草地、林缘、路旁或假山旁种植，或

植为花篱；也是良好的切花材料。

1. 采后流通中的主要问题　采收后叶片易发黄。

2. 切花采收

（1）采收标准　依照荷兰花卉拍卖协会金丝桃产品标准：每扎花束中至少95%的枝条上有2/3的浆果已成熟着色。

（2）采收时间　采收的时间最好在早晨。

（3）采收方法　采收时用剪刀，从基部或分枝处重剪。采收后应尽快插入盛水的容器并避免阳光直射。

成龄植株每次采收量为15～20枝，应同时注意留茬高度：留茬15～20厘米，距留茬腋芽上端0.5厘米剪切，以利于再次萌芽。

3. 切花分级、包装　剪下的花应尽快放到盛有清水的容器中带回操作间进行处理分级，分级的标准主要是根据长度、成熟度以及切枝上浆果所占的比例来划分。常为10枝一束，也可5枝一束。

4. 切花综合保鲜技术

（1）预冷　将所采收的成品，插放在盛水的容器中置于阴凉处预冷，或放在5～8℃的冷库中保湿预冷。

（2）保鲜液处理　可用可利鲜保鲜剂处理。

（3）运输　装好箱后即可发货，在货场中应采用强制性冷空气（forced air cooling）（2～4℃）制冷的方法进行冷处理。

5. 批发商和消费者的处理方法　切花到达批发商及消费者手中后，应尽快打开包装。在花茎端1～2厘米处再斜剪切，并置于清水或可利鲜保鲜剂溶液中。

6. 拍卖的相关要求　金丝桃的最低成熟度要求：每扎花束中至少95%的枝条上有2/3的浆果已成熟着色，1/3可以是花朵。

金丝桃属Elatum的最低成熟度要求：每扎花束中至少95%的枝条上的浆果已成熟着色，并且无一朵花。

（五）梅花

学名： *Prunus mume*

英文名： mei flower、mei tree

梅花属蔷薇科李属的落叶乔木，原产于我国长江以南地区。其品种及变种很多，可分为四大系（真梅系、杏梅系、樱李梅系、山桃梅系）、六大类（直枝梅类、垂枝梅类、龙游梅类、杏梅类、樱李梅类、山桃梅类）。

1. 采后流通中的主要问题

花瓣极易脱落。运输中容易因挤压而产生落蕾，形成空条。

2. 切花采收

（1）采收标准　收获部位为梅花已经分化花芽的枝条。当枝条上的花蕾开始透色时即可采收，剪取切花应在花蕾破绽前进行，盛开的花枝剪切后花期缩短，花枝下部的花朵萎蔫，质量下降，影响销售。

（2）采收时间　操作可全天进行。

（3）采收方法　选择形状匀称、花蕾较密的带叉枝条小心剪下。产品先暂放在荫蔽的地方，尽快预冷处理。

3. 切花分级、包装

（1）分级　所采收的枝条应该在具品种典型特征、无异物污染、能够正常使用之前提下进行分级：一级切枝的长度为120厘米左右，二级切枝的长度为100厘米左右，三级切枝的长度为80厘米左右。相同等级的切枝长度之差，不宜超过标准的±2厘米。

（2）包装　将相同等级、品种的梅花枝条5枝一束进行捆绑固定，分颜色装入塑料袋，扎紧口袋，分别码入标有品名、具透气孔的衬膜瓦楞纸箱中。注意切勿过度挤压。

4. 贮藏　梅花为暖温带花卉，可在温度为0～2℃的环境中进行贮藏。干藏、湿藏均可。把切枝置于空气相对湿度为90%～95%的环境和做适当的预处理有利于贮藏后瓶插品质。

5. 切花综合保鲜技术　梅花的预处液通常用STS、6-BA可显著抑制脱落，延长瓶插寿命。使用乙烯合成及作用抑制剂，如AVG、AOA、6-BA等，或以TIBA（三碘苯甲酸）处理，可延缓梅花切枝的衰老。GA可用于梅花切枝的采后催化，增加绽开率，以提高观赏价值。另外，CTK可延缓衰老，延长观赏期。

6. 批发商和消费者的处理方法　在开箱后应尽快将其插入水中，一般不需要使用保鲜液。

梅花切枝的供货时间，主要集中于每年的1～2月。

（六）杨桐

学名： *Deyera japomica* Thunb.

英文名： Japanese cleyera

杨桐又名红淡、红淡比，是山茶科杨桐属植物，分布于亚洲和非洲的热带、亚热带地区，我国有20余种，大部产南部和西南部。杨桐被日本人尊称为“神木”，将其加工成束出口日本，作为敬神和祭祖不可缺少的一种供品和饰品，需求十分旺盛。

1. 采后流通中的主要问题　茎叶吸水能力差，易干枯。

2. 切花采收

(1) 采收标准　取叶片有光泽且着生茂密和开花，长度为15～35厘米的带叶鲜枝条，不能选择叶片陈旧、弯曲的枝条。

质量要求无病斑、叶色亮绿、叶序两侧排列较整齐而挺拔。需要较长时间的复水，高温季节要勤换水。

（2）采收方法　按要求长度切取枝条，每条一般长度为 38 厘米；用水洗或抹布除去杨桐枝叶片上害虫和泥土等脏物，杨桐枝晾干，摘去病叶，采后最好去掉新芽（特别是雨季），否则运至日本时新芽会变黑，影响销售。

3. 切花分级、包装　挑选合适枝条 20 根。造形并扎成一束。

4. 切花综合保鲜技术

（1）预冷　贮藏前一般不进行专门预冷处理。

（2）保鲜液处理　目前，国内外很少采用保鲜剂处理。

（3）贮藏　贮藏温度为 4～5℃，贮藏期 2 周以内。冷库要有吸水、去除乙烯以及加湿等功能。贮期过长时，容易因吸水能力下降而导致落叶。

短期贮藏，通常装入纸箱内存放；长期贮藏时，需要在冷库内设置水池，将花枝浸入水中进行吸水贮藏，即湿藏。为了保证水分的新鲜，必须经常换水。

（4）运输　分有大花和小花两种。大花类通常截取 50～60 厘米的枝条，每千克扎成一扎，纸箱包装，每箱十扎。小花类则将 12～15 枝叶片大小一致的小枝扎在一起，长度统一截取为 38 厘米。每十扎包扎到一起作为大扎，每箱装 20～30 大扎。通常是公路常温运输。

（七）一品红

学名：*Euphorbia pulcherrima*

英文名：common pionsettia

一品红又名圣诞花、老来娇、象牙红、猩猩木等，是大戟科、大戟属、木本植物。许多一品红品种对叶片偏上性敏感。在叶、苞片及叶柄因机械压力而折弯时大量产生乙烯，从而引起叶、苞片及花瓣脱落等症状，最后叶片变皱干枯。而花序脱落发

生在植株衰老的更早阶段。正常情况下，一品红真花开放到苞片色泽变得暗淡脱落，其观赏期约为6周。

1. 采后流通中的主要问题　一品红采后处理中的问题常包括未成熟的叶片、苞片及花芽脱落；成熟的叶片和苞片脱落；叶片黄化、苞片变形、泛蓝、周围褐化；处理过程中所造成的机械伤害以及其他生理失调和病虫为害等。

在运输过程中因摩擦和撕破而引起的机械伤害会导致苞片失色或萎蔫。叶片、叶柄及苞片弯曲或折叠可刺激这些组织合成乙烯。乙烯对一品红为害的症状包括叶片和苞片向上或皱枯，严重时造成叶片和苞片的脱落。有时这一问题易与营养或其他代谢失调混淆，土壤中氮肥含量低会使根氮素营养减少而引起落叶。

2. 采收标准　一品红盆花适宜的上市阶段是小花初开期，此时苞片发育较充分。用于长途运输的可适当早采。若采收过早的，移入室内后未展开的苞片将不会显现出亮丽的色泽。如果苞片已完全开展，色泽发暗，花芽已经完全盛开，将缩短货架期。

3. 贮藏技术　一品红的贮藏需要充足的光照和10.0～12.8℃的温度。黑暗环境将引发一品红苞片扭曲、叶片黄化等症状。如果时间延长，叶和苞片会脱落，植株质量将不可逆地降低。在低于10℃的环境下贮藏的植株移到温暖环境时叶片将大量脱落，致使产品无法销售。在理想的温度和光照下套筒的植株可以贮存48小时而不会产生不利影响。

4. 运输技术　由于运费较高，一品红很少采用空运，而通常在产地市场销售。船运时植株的发育阶段影响盆栽一品红的最终质量。通常一品红在苞片完全发育后采收。由于一品红对于低

温（13℃以下）非常敏感，所以在运输时维持适当的温度非常重要。如运输温度过低，红色的苞片容易转变成青色或蓝色，最后变成白色；若温度太高，则容易导致未成熟叶片、苞片及花芽脱落。

5. 切花分级、包装　包装材料的选用与运输距离有关。短距离船运时，将植株用纸包装或套上塑料筒，然后装入特制的纸板箱中。与其他措施相比，套筒包装操作可以更有效解决运输过程中因机械损伤而造成的偏向上性的问题。不同种类的包装资材不会影响叶片偏上生长。

6. 批发商和消费者的处理方法　一品红切花植株送达时，应马上打开包装盒，移出每一植株，并去除所有的包装材料，检查基质湿润的程度，若水分不足请立即浇水；植株从包装容器移出后，应置于有足够光线的室内，温度维持在 18～24℃，检查植株是否受到机械伤害、病害或虫害。避免植株接触乙烯气体。

（八）腊梅

学名： *Chimonanthus praecox*

英文名： winter sweet

腊梅又名黄梅花、雪里花、蜡木、蜡花、巴豆花、冬梅、雪梅、寒梅、金钟梅、黄梅、干枝梅、早梅，是蜡梅科蜡梅属植物，原产我国中部，是我国特产的传统名贵观赏花木，有着悠久的栽培历史和丰富的文化底蕴。腊梅在霜雪寒天傲然开放，花黄似腊，浓香扑鼻，是冬季观赏主要花木。腊梅花色美丽，香气馥郁，花期可长达 3 个月之久，常用作布置庭院或室内插花。

1. 采后流通中存在的问题　剪切后花蕾易失水萎蔫，花朵易脱落。在运输和瓶插观赏过程中常出现香味散失、花朵脱落、

开花不均匀，褪色、失香等现象。

2. 采收标准　在花蕾初开阶段采收。采收的时间最好在早晨。用锋利的剪刀，从基部或分枝处重剪。采收后应尽量避免阳光直射，放在盛水的容器中并置于遮阴处。

3. 贮藏技术　切花干藏、湿藏皆可。置放盛水的容器中置于阴凉处预冷，或放在5～8℃的冷库中保湿预冷。在预处液或保鲜剂中应添加适量的营养物质蔗糖作为碳源，以维持花蕾的正常生长发育。花蕾期采收的腊梅切花除供给足够的水分和养分，以维持花枝的水分平衡，满足花蕾生长发育对养分的需要和呼吸的消耗外，还应使用乙烯抑制剂STS等，抑制乙烯的形成，延迟呼吸高峰的出现，推迟切花衰老。

4. 保鲜剂处理技术　青霉素600毫克/升＋硝酸银68毫克/升＋8-羟基喹咛100毫克/升或青霉素600毫克/升＋硝酸银102毫克/升＋8-羟基喹咛200毫克/升对延缓馨口腊梅采后的衰老有明显效果。

青霉素900毫克/升＋硝酸银136毫克/升＋8-羟基喹咛90毫克/升对延缓素心腊梅的衰老有明显效果。采用含杀菌剂等的保鲜剂，如8-羟基喹啉盐、苯甲酸钠、硝酸银。

硫酸银，TBI等可防止导管堵塞，改善水分平衡；外源CTK类和GA处理及采用抗氧化剂（如维生素E、抗坏血酸、谷胱甘肽、多胺及嘌呤醇等）抑制自由基生成，维持膜的稳定性并延缓衰老。瓶插液用4%蔗糖＋50毫克/升8-羟基喹啉硫酸盐＋10毫克/升BA溶液。通常在瓶插液中加适量的食盐来保鲜腊梅切花。

5. 切花分级、包装　分级的标准主要是根据花枝的长度以及客户要求。常为10枝/扎，对分枝数量较多的切果枝，可6～8枝/扎，包扎时果头对齐。包扎时用2根橡皮筋，底部一根离枝底4～5厘米，较紧，以固定花束。第二根则在花束上部有较多细弱分枝处，较松，主要为防止次级小枝散乱，不能太紧，以

免阻碍空气流通。包扎好插在盛有保鲜液水溶液的容器中。

（九）八仙花

学名： *Hydrangea macrophylla*

英文名： largeleaf hydrangea

八仙花又名绣球、紫阳花，为虎耳草科八仙花属植物。落叶灌木，高 3～4 米；小枝光滑，老枝粗壮，有很大的叶迹和皮孔。八仙花的叶大而对生，浅绿色，有光泽，呈椭圆形或倒卵形，边缘具钝锯齿。八仙花花球硕大，顶生，伞房花序，球状，有总梗。每一簇花，中央为可孕的两性花，呈扁平状；外缘为不孕花，每朵具有扩大的萼片 4 枚，呈花瓣状。八仙花初开为青白色，渐转粉红色，再转紫红色，花色美艳。八仙花花期 6～7 月，每簇花可开 2 个月之久，花期长，是一种既适宜盆栽、庭院应用，又适合作切花观赏的理想花卉。

1. 采后流通中存在的问题　八仙花的切花很容易枯萎，主要是因为它的叶子太大、太多了，即使再给它补充水分，也很难延长它的插瓶期。

2. 采收标准　最好在上午较凉爽的时候采收，并且是采收那些有 1/2～2/3 的花苞即将开放的植株。并尽可能地去掉八仙花的叶子，一般认为留下 1 对叶子较为合适。采收后马上把花的茎泡入水中，把装有水和营养液的桶放在花旁边，随采随放。

3. 贮藏技术　在给八仙花分级的地方，要把它们放置在 pH 在 4～5 的酸性环境中。然后至少保证 4 个小时的再次水合作用。八仙花不宜在冷库中贮藏 2d 以上，比较适宜的贮藏温度是 3～4℃或更低。在理论上说，八仙花的切茎应长 70～75 厘米，在正常管理的情况下，它的瓶期应该是10～12天。

4. 运输技术　在运输过程中用水管和蘸满水的棉布继续给花补充水分。

5. 保鲜剂处理技术　需要注意的是，八仙花对乙烯气体并不敏感，所以不需要用STS进行特殊处理。

五、兰科切花

(一) 大花蕙兰

学名： *Cymbidium hyrida*

英文名： cymbidium

大花蕙兰又叫虎头兰、喜姆比兰和蝉兰，兰科兰属植物。起源于印度、缅甸、泰国、越南和中国南部等地区的兰属（*Cymbidium*）中的一些附生性较强的大花种和主要以这些原种为亲本获得的人工杂交种。大花蕙兰，是对兰属中通过人工杂交培育出的色泽艳丽、花朵硕大的品种的一个统称。叶呈狭长带形，绿色革质，总状花序腋生，花葶长达150厘米，着花10～20余朵。花色有白、淡红、玫瑰红、黄、橙黄、褐黄、绿等。大花蕙兰类植株花枝挺直，花朵硕大繁密，花瓣肥厚，花色艳丽，花期尤长，且具芳香，是著名的盆花和切花，用于各种礼仪花卉装饰及插花。

1. 采后流通中存在的问题　切花暴露在乙烯中容易引起褪色。硫代硫酸银（STS）可以部分抑制去雄花朵的乙烯产生，但会刺激已授粉花朵的乙烯生成。

花朵过早萎蔫、花瓣脱落。花苞、枝条易折断。

2. 采收标准　花朵开放后3～4天采切并显示出品种固有的

颜色，花茎坚挺。对于花茎较硬的品种，可以在数朵花开放时采收。

3. 贮藏技术　花后复水容易，一般不采用专门的措施。有时采收后在切口部位套上装水的小塑料瓶，吸水1夜后，第二天运输。大花蕙兰在10～13℃的温度条件下，可以干贮藏2周以上。湿贮藏时温度可以设定得相对较低。通常进行预处液处理，以降低切花对乙烯的敏感性。预处液的主要成分硫代硫酸银，浓度为33毫克/升，处理时间为8～12小时；也可用1-甲基环丙烯（1-MCP）做保鲜剂。

4. 运输技术　储运温度以10～13℃为最佳。把切花花茎插入盛有维持液的试管中，用胶带纸把试管固定在包装箱底部，防止运输时移动。储运时使用储运保鲜凝胶。

5. 保鲜剂处理技术　将切花基部用500毫克/升硝酸银溶液浸30分钟，或用20毫克/升细胞分裂素+5克/升蔗糖混合液处理，可延长瓶插寿命1倍。

6. 零售商和消费者的处理方法　对花序茎基部进行再剪截，然后用新鲜配制的保鲜液补充到试管中，并进行定期检查；把切花花茎基部包在潮湿的棉花里；避免切花暴露在乙烯中，使之远离烟雾、成熟的水果和萎蔫的花朵；保存温度10～13℃为佳。避免多热或过冷的温度。

（二）蝴蝶兰

学名：*Phalaenopsis aphrodita* Rchb. F

英文名：phalaenopsis、moth orchid

蝴蝶兰为兰科蝴蝶兰属，大多数产于潮湿的亚洲地区，在中国台湾和泰国、菲律宾、马来西亚、印度尼西亚等地都有分布。其中以台湾出产最多。蝴蝶兰属是著名的切花种类，蝴蝶兰是单茎性附生兰，茎短，叶大，花茎1至数枚，拱形，花大，因花形似蝶得名。花期长，是著名观赏盆花及切花。除切枝外，也可单朵采摘用来制作礼品盒、花环、胸花、襟花等装饰品，或装饰宴会餐台、食物及酒具等，尤其是婚礼喜用花卉。

1. 采后流通中存在的问题　主要有花萎蔫褪色、花苞黄化脱落等生理病害，这是由于在封闭空间植株产生的乙烯等有害气体不易消散，而蝴蝶兰对乙烯较为敏感，过高的乙烯浓度会导致花朵和花苞萎凋，严重时造成叶片黄化及落叶。运输中常出现由于包装和运输不当而造成机械损伤，植株的损伤将影响蝴蝶兰的花期，使花期缩短，严重的会造成落花落蕾现象。

2. 采收标准　当下部的花芽开始膨胀时要用挂钩把花梗固定起来。花梗上花苞多时，固定的位置不能太低以免花梗头重脚轻。在还有1朵未开花苞时即可收获。

3. 贮藏技术　常采用湿贮藏，7～10℃，可贮藏2周。温度过低，会引起冷害。贮藏前应进行预冷。通常于单枝基部套上塑料保鲜瓶，既有利于保鲜，又便于包装。

4. 运输技术　防止低温造成的冻害，要先做好运输过程中的保温工作，还要防止高温造成的损伤。蝴蝶兰即可整枝运输也可单朵运输，单朵运输需要将花梗插入有水的塑料小瓶中，并严格保护，使得花朵在贮运过程中免受缺水损害。同时花梗及花朵不会受到损伤。花朵之间填充碎纸以防止运输过程中的摩擦。

因为蝴蝶兰切花是乙烯敏感型切花，在包装箱内放入含有高锰酸钾的涤气瓶，或者其他浸渍有高锰酸钾的材料，以吸收箱内乙烯。需要注意的是，切花不可以直接与高锰酸钾直接接触。蝴蝶兰到货后必须立即除去包装，将植株放入温度为18～23℃的

明亮环境中，在袋中的时间越长，恢复所需的时间就越多。如果时间太长就无法恢复。因此运输时间要尽可能短，最好不超过3天。

5. 保鲜剂处理技术　预处液可用200毫克/升8-羟基喹啉柠檬酸盐+20克/升蔗糖，也可以用1 000毫克/升硝酸银溶液浸10分钟，以防止由于微生物繁殖而阻塞导管及茎的腐烂。用硫代硫酸银预处理30分钟，可延长花的瓶插寿命。预处液也可由5毫克/升激动素+3克/升蔗糖液配制而成，贮藏期可达10～20天。

一朵未开花苞时即可收获。花梗插入含有16毫升保鲜液的保鲜管中。保鲜液使用热水（40～45℃），在水中加入可利鲜专用保鲜剂，延长瓶插寿命。花束放入包装盒内，于7～10℃保存。如果花朵出现轻微萎蔫，可以切梗再放入约40℃的热水中。瓶插寿命一般在5～6周，因气候和品种而差异巨大。

（三）卡特兰

学名： *Cattleya hybrida*

英文名： cattleya

卡特兰为兰科卡特兰属。假鳞茎呈棍棒状或圆柱状，顶部生有叶1～3枚；叶厚而硬，中脉下凹；花单朵或数朵，着生于假鳞茎顶端，花大而美丽，色泽鲜艳而丰富。原产美洲热带，为巴西、阿根廷、哥伦比亚等国国花。品种在数千个以上，颜色有白、黄、绿、红紫等。繁殖用分株、组织培养或无菌播种。性喜温暖、潮湿和充足的光照。通常用蕨根、苔藓、树皮块等盆栽。生长时期需要较高的空气湿度，适当施肥和通风。

1. 采后运输中出现的问题　对乙烯极为敏感，易受机械损伤，单朵采收的鲜花易失水萎蔫，花朵授粉后迅速萎蔫。过早采收，花蕾不能充分张开。运输中的摩擦和振动会损伤花瓣等。

2. 采收标准　卡特兰属及其杂交种等单花或2～3朵的少花兰花种类难以判断花朵的成熟期，尤其在有大量花逐日开放时更难准确判定。花蕾在没有完全盛开时采收，瓶插寿命较短。通常在侧花蕾完全开放时从花柄部位采切。生产者最好每天清晨到兰园中检查，逐日用不同色彩的标牌挂于当天初开的花枝上以表明应采收的日期。

在卡特兰剪切时，一定要在水中进行，防止切口接触空气引起褐变。需要注意的是有些品种在复水太快时，花朵上易出现斑点。实践中，为防止切口干燥，在切口部位套上装水的塑料管。

3. 贮藏技术　卡特兰原产热带或亚热带，花亦喜温暖而怕冷冻。已开放的花枝，一般能在植株上保持良好状态3～4周，故可以使已开的花保留在植株上一段时间，至需花时再采收。花蕾没有完全盛开时采收，瓶插寿命较短，通常在侧花蕾完全开放时从花柄部位采切。花枝在植株上的观赏期比采切后要长，实践中多采用通过调整在植株上的采切期来代替贮藏环节。在剪切时，一定要在水中进行，防止切口接触空气引起褐变。有些品种在复水太快时，花朵上易出现斑点。为防止切口干燥，在切口部位套上装水的塑料管。贮藏前必须用预处液处理。

贮藏适温为7～10℃，可保存10～14天。贮藏中注意不要将风扇直接对准花枝。卡特兰对乙烯极其敏感，要避免与可能产生乙烯的蔬菜、瓜果混合贮藏。

4. 运输技术　卡特兰属及其近缘属的花枝，采下后应将其基部立即插入盛有清水的兰花管中。兰属按花枝及花朵大小以6、8或12枝为一小包装入玻璃纸盒中，再装入大箱。卡特兰及其杂交或近缘种一般直接放入包装盒中，各花之间隔以蜡纸条以免各花移动碰伤。其他的种类通常不用水插，如石斛属、Aran-

da 的花枝，采下后先浸在水中 15 分钟，使其充分吸水后再包装，或将花枝基部用少许湿棉花包裹保湿，每 12 枝一束包塑料袋内后再装箱，在箱内一般密集平放。卡特兰较耐运，东南亚生产的切花经半个地球运往欧洲后仍然十分新鲜，但在运输中要防止剧烈振动和花朵之间的摩擦、碰撞，特别要防止包装容器内乙烯的积累。在运达目的地后应立即摊开。

5. 保鲜剂处理技术　用装有苯甲基氨基磷酸溶液（150～300 微摩尔/升）的塑料小瓶在茎基切口套袋，能够有效提高瓶插寿命。经过远途运输或贮藏后的花取出后，卡特兰应立即将花枝基部剪去 1 厘米，多花型的种类花枝较长，可剪去 2.5 厘米左右，再插入含可利鲜的保鲜剂的水中，置于 38℃下使之吸水坚挺。

（四）文心兰

学名：*Oncidium Luridum*

英文名：oncidium，dacin-glady

文心兰又名舞女兰、金蝶兰、瘤瓣兰等，兰科中文心兰属植物的总称，本属植物全世界原生种多达 750 种以上，而商业上用的千姿百态的品种多是杂交种，植株轻巧、潇洒，花茎轻盈下垂，花朵奇异可爱，形似飞翔的金蝶，极富动感，是世界重要的盆花和切花种类之一。

1. 采后流通中存在的问题　由于采收时成熟度低，瓶插寿命短，花朵互相干涉拉扯导致分装时掉花。另外也因为花束上花药盖容易脱落而致花朵快速老化。花茎切口容易腐烂，尤以夏季天热时最易发生。

2. 采收标准　大都在六七分熟，花苞有 5～6 个时采收。

3. 贮藏技术

（1）预冷处理　切花分级包装封箱后应立即放入10～15℃冷藏库预冷，在纸箱间应留有空隙，使冷空气可以完全流通，小包装应预冷3～4个小时，大包装需预冷6～7个小时以上。

（2）保鲜处理　包装后的花束再统一切齐基部切口后，套上改良式保鲜管或软质保鲜袋。由于旧式保鲜管在花束横置装箱时无法吸收保鲜液，因此可以改用国外研发的软质保鲜袋，此种软质袋可随切花的吸收水分，造成袋内压力变小而收缩。另外也可在保鲜管内加装不织布或海绵，使花茎横放时仍可因不织布或海绵的毛细作用而吸到水分。

4. 运输技术　目前多半采取冷藏货柜送交机场直接空运，以节省运输时间确保切花的鲜度。亦有少部分作业者在夏秋季盛产时期试验利用海运以减少运费负担，但情况并不理想。产品抵达目的地后，需要再将花束重新整理，去除不良品并补齐花株等。此种作业使得花朵的受损几率增加。

5. 保鲜剂处理技术　预处液可用200毫克/升8-羟基喹啉柠檬酸盐+20克/升蔗糖，也可以用1 000毫克/升硝酸银溶液浸10分钟，以防止由于微生物繁殖而阻塞导管及茎的腐烂。用硫代硫酸银预处理30分钟，可延长切花的瓶插寿命。

（五）石斛

学名：*Dendrobium*

英文名：dendrobium

石斛又名石斛兰、杜兰、节骨草、石兰，是兰科石斛属多年生草本植物，石斛属原生种有1 000～1 500个。主要分布于热带亚洲和太平洋岛屿。我国约有81个原生种（变种），主要分布在秦岭—淮河以南的广大地区，以西南、华南和台湾地区等地最多，依其生长及开花习性可将石斛分为春石斛和秋石斛。石斛茎丛生且细长直立，节略粗；叶片柔软或革质，落叶或常绿；花葶着生于节间或顶部，每葶有花7～8朵至20余朵不等，呈总状

花序。

1. 采后流通中的主要问题　石斛兰对乙烯敏感，流通过程中应尽量避免对花朵的损失，减少外源乙烯接触和内源乙烯的生物合成，延长花期。

2. 采收标准　当花序上的小花充分透色时为其采收适合期。采收时，从花葶基部斜切剪下，并在花朵无破损、整体效果良好的前提下对其进行分级：一级切花的长度为60厘米左右，二级切花的长度为55厘米左右，三级切花的长度为50厘米左右。相同等级的切花长度之差不宜超过标准的±1.5厘米。

3. 贮藏技术　可把石斛兰切花置于温度为5～7℃，空气相对湿度为80%～85%的环境中进行贮藏7～10天。

4. 运输技术　石斛兰可采用湿贮运输，保持温度为5～7℃，空气相对湿度为80%～85%。亦可在每枝石斛兰花梗基部套上装有保鲜液的塑料管以延长其瓶插寿命。要避免与可能产生乙烯的蔬菜瓜果混合贮运。

将相同等级、品种的花序10枝/束捆绑固定，分别码入标有品名、有透气孔衬膜的瓦楞纸箱中。

5. 保鲜剂处理技术　用硫代硫酸银预处理30分钟或用200毫克/升8-羟基喹啉柠檬酸盐+20克/升蔗糖处理，可延长切花寿命；用30～50毫克/升萘乙酸浸花枝基部，可减少花朵脱落。

6. 零售商和消费者保养方法

①对花序茎基部进行再剪切，然后用新鲜配制的保鲜液补充到试管中，并进行定期检查。

②把切花花茎基部包在潮湿的棉花里。

③避免切花暴露在乙烯中，使之远离烟雾，成熟的水果和萎蔫的花朵。

④保存温度 5～7℃为佳，避免过热或过冷的温度。

六、切枝切叶类

（一）铁线蕨

学名： *Adiantum capillus - veneris*

英文名： maidenfair、southern maidenfair fern

铁线蕨又名美人粉、铁丝草、铁线草，为铁线蕨科、铁线蕨属、多年生草本植物。根茎横走，密生棕褐色披针形鳞片。叶近三角形，有羽状细裂。叶柄细长，栗褐色。孢子囊群生于叶背，圆形。

1. 采后流通中的主要问题　对乙烯敏感，会引起小叶脱落。

2. 采收标准　叶片充分成熟后于叶柄基部采切。收获部位为铁线蕨的整枝带柄复叶。待小羽片大部分展开、变为深绿色时即可采收，操作可全天进行。

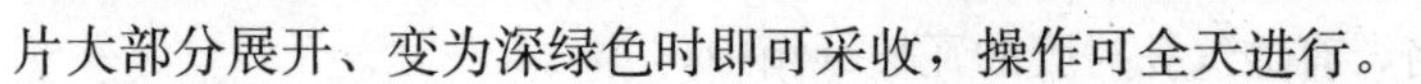

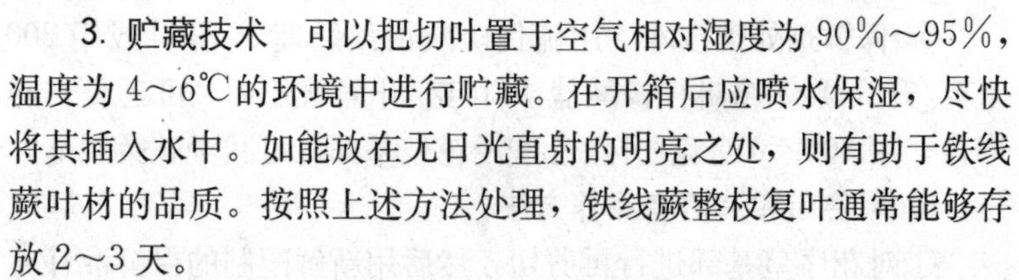

3. 贮藏技术　可以把切叶置于空气相对湿度为 90%～95%，温度为 4～6℃的环境中进行贮藏。在开箱后应喷水保湿，尽快将其插入水中。如能放在无日光直射的明亮之处，则有助于铁线蕨叶材的品质。按照上述方法处理，铁线蕨整枝复叶通常能够存放 2～3 天。

4. 运输技术　将相同等级的铁线蕨带柄复叶 50 枝为 1 束进行捆绑固定，分别码入标有品名、具透气孔的衬膜瓦楞纸箱中包

装运输。包装箱通常采用60厘米×45厘米×30厘米的衬膜瓦楞纸箱。注意衬膜、瓦楞纸箱上要设置透气孔。运输温度4～5℃。

5. 保鲜剂处理技术　铁线蕨切叶基部微管容易堵塞造成失水萎蔫。预处理的种类和主要成分：

①硝酸银溶液25毫克/升加入Florissant 100。

②在瓶插水中加入10～20毫克/升氯漂白剂、12.5～25.0毫克/升硝酸银。

③在瓶插水中加入185～580毫克/升硝酸银。

④用柠檬水（调节pH为3左右）处理。

6. 零售商和消费者的照管方法

①铁线蕨可忍耐的最低和最高光照度是5 000勒克斯和22 000勒克斯。贮运后恢复期的光照度以8 000～16 000勒克斯为宜。

②建议采用10～16℃夜温、16～21℃昼温，50%的空气相对湿度。

③保持土壤湿润均衡。冬季减少灌水。

④可置于室内明亮的位置。

⑤把死的叶丛剪掉，在春季生长前换盆或分株。每6个月施1次肥，肥料浓度减半，高浓度肥料会烧伤植株。

(二) 肾蕨

学名： *Nephrolepis cordifolia*

英文名： tuberrous sword fern、pigmy sword fern

肾蕨又名蜈蚣草、铁鸡蛋、心叶肾蕨、肾鳞蕨，为骨碎补科、肾蕨属的多年生草本植物。根状茎直立，基部四周有匍匐茎，并从匍匐茎的短枝上长出圆形块茎。根状茎，匍匐茎密被披针形鳞片。叶丛生，披针形，革质，光滑。羽片无柄，以关节着生于叶轴上。孢子囊群生于侧小脉顶端，囊群盖肾形，棕褐色。

1. 采收标准　叶片充分成熟后于叶柄基部采切。收获部位为肾蕨的整枝带柄复叶。采收适期在叶色由浅绿转为深绿色，且叶柄坚挺而具有韧性时。采收过早，采后容易失水萎蔫；过晚，叶片背面会出现大量深褐色的孢子囊群，影响叶子的美观。注意基部要带叶柄，叶片要摆平层叠，防止折损与扭曲，操作可全天进行。

2. 贮藏技术　可以把切叶置于温度为 4～6℃、空气相对湿度为 90%～95%的环境中进行贮藏。在开箱后应喷水保湿，尽快将其插入水中。如能放在无日光直射的明亮之处，则有助于肾蕨叶材的品质。按照上述方法处理，肾蕨的整枝复叶通常能够存放 7～14 天而不致影响装饰效果。

3. 运输技术　将相同等级的铁线蕨带柄复叶 20 枝一束进行捆绑固定，分别码入标有品名、具透气孔的衬膜瓦楞纸箱中运输。包装箱通常采用 60 厘米×45 厘米×30 厘米的衬膜瓦楞纸箱。注意衬膜、瓦楞纸箱上要设置透气孔。

4. 保鲜剂处理技术　目前，在国内外很少进行保鲜剂的处理，但保鲜剂的处理是相当有效的。预处理的种类和主要成分有：

①300 毫克/升 8-羟基喹啉柠檬酸盐＋22.5 克/升蔗糖的混合液。

②20 克/升蔗糖＋50 毫克/升硝酸银＋150 毫克/升 VC。

③20 克/升蔗糖＋50 毫克/升硝酸银＋150 毫克/升 VC＋50 毫克/升 GA。

以上保鲜液处理切叶，除杀菌效果外，能提高切叶体内水分和可溶性糖含量，从而延长瓶插寿命。

（三）文竹

学名： *Asparagus setaceus*

英文名： asparagus fern

文竹又名刺大冬、鸡绒、芦笋小草、新娘草、云片松，为百合科天冬门属多年生直立或攀缘藤本。株高可达3米。根稍呈白色，细长，茎多水平开展，叶状枝常为簇生，刚毛状。花小，白色，种子球形。

1. 采收标准　叶片充分成熟。收获部位为文竹的叶状枝。当其水平展开，完全转绿时即可采收，操作可全天进行。产品先暂放在阴凉之处，尽快预冷处理。

2. 贮藏技术　可以把切叶置于空气相对湿度为90%～95%，温度为2～4℃的环境中进行贮藏。在开箱后应喷水保湿，尽快将其插入水中。如能放在无日光直射的明亮之处，则有助于保持文竹叶材的品质。

3. 运输技术　将相同等级的文竹叶状枝5枝为一束进行捆绑固定，分别码入标有品名、具透气孔的衬膜瓦楞纸箱中运输。包装箱通常采用60厘米×45厘米×30厘米的衬膜瓦楞纸箱。注意衬膜、瓦楞纸箱上要设置透气孔。运输温度4～5℃。

4. 保鲜剂处理技术　目前，在国内外很少进行保鲜剂的处理。但保鲜剂的处理是相当有效的。保鲜剂配方如下：

①可利鲜RVB保鲜液稀释500倍后，将切叶插入，处理4小时。瓶插7天后叶色仍翠绿，未处理者7天后则叶黄化不具商品价值。稀释溶液有效期限为1周，盛装时勿使用金属容器，以避免影响保鲜液效果。

②次氯酸钠溶液可直接利用漂白水稀释至100毫克/升，切叶浸泡溶液中4小时后取出。但过高浓度的次氯酸钠（200毫

克/千克），则会造成药害，提早叶片黄化脱落。

（四）常春藤

学名： *Hederae helix* L.

英文名： ivy

常春藤又名土鼓藤、钻天风、三角风、散骨风、枫荷梨藤，为五加科常春藤属常绿木质藤本植物。茎长可达 5 米。单叶互生，3～5 裂，深绿色。

1. 采收标准　成熟枝条。收获部位为常春藤的枝条。为了获得理想的繁殖效果，应该剪切那些节间较短、生长充实的先端枝条。注意合理采条，以免影响植株的观赏、生长。产品应尽快预冷。

2. 贮藏技术　可以把插条置于空气相对湿度 90%～95%、温度 1～5℃的环境中进行贮藏。按照上述方法处理，常春藤的枝条通常能够存放 10～20 天而不影响繁殖使用。

3. 运输技术　将相同等级的常春藤枝条 50 枝为一把，绑好，分别码入标有品名、具透气孔的衬膜瓦楞纸箱中包装运输，包装箱通常采用 60 厘米×45 厘米×30 厘米的衬膜瓦楞纸箱。注意衬膜、瓦楞纸箱上要设置透气孔。

4. 保鲜剂处理技术　一般不用保鲜剂处理。

（五）棕榈

学名： *Trachycarpus fortune*

英文名： fortunes windmill palm

棕榈为棕榈科棕榈属常绿乔木。植株高 3～8 米，直立。包被秆上。叶鞘纤维质，包茎，叶柄长，叶圆扇形，掌状深裂。

1. 采收标准　收获部位为棕榈的具柄叶片。当其生长充实后即可将其逐枚剪下，通常直接剪单叶。操作可全天进行。产品先暂放在阴凉处，尽快预冷处理。

2. 贮藏技术　可以把切叶置于空气相对湿度为90%～95%，温度为2～4℃的环境中进行贮藏。在开箱后应喷水保湿，尽快将其插入水中。如能放在无日光直射的明亮之处，则有助于保持棕榈叶材的品质，按照上述方法处理，棕榈具柄叶片通常能够存放7～10天而不影响装饰效果。

3. 运输技术　将相同等级的棕榈具柄叶片每10枚为用一塑料带进行包装，然后再分别码入标有品名、具透气孔的衬膜瓦楞纸箱中运输。包装箱通常采用60厘米×45厘米×30厘米的衬膜瓦楞纸箱。注意衬膜、瓦楞纸箱上要设置透气孔。

4. 保鲜剂处理技术　一般不用保鲜剂处理。

（六）南天竹

学名：*Nandina domestica*

英文名：common nandina、heavenly bamboo

南天竹为小檗科南天竹属常绿丛生灌木。植株高2米左右，茎直立，多分枝，叶互生，小叶革质，圆锥花序顶生，小花白色，浆果球形，呈红色。

1. 采收标准　当枝条上的

果实往前着色时为其采收适期。操作可全天进行。产品先暂放在阴凉处，尽快预冷处理。

2. 贮藏技术　可将其置于空气相对湿度为80%～90%，温度为3～5℃的环境中进行贮藏。可保鲜15～20天。

3. 运输技术　将收获的相同等级的切果枝每5枚一束略微捆绑，放入具透气口的内衬膜瓦楞纸箱中运输。

4. 保鲜剂处理技术　一般不用保鲜剂处理。

(七) 迎春

学名： *Jasminum nudiflorum*

英文名： winter jasmine

迎春为木犀科素馨属常绿或落叶灌木。植株高2～3米，枝条细长直立，叶对生，花冠黄色，浆果紫黑色。

1. 采收标准　当枝条经过低温阶段，花蕾生长充实时为其采收适期。操作尽量在清晨进行，采收后产品先暂放在阴凉处，尽快预冷处理。

2. 贮藏技术　可将其置于空气相对湿度为90%～95%，温度为0～2℃的环境中进行贮运，开箱后尽快将花枝插于水中，全程保鲜期为7～10天。

3. 运输技术　将收获的相同等级的切枝整理后每20枚为一束进行捆绑，放入具透气口的内衬膜瓦楞纸箱中运输。

4. 保鲜剂处理技术　8-羟基喹啉盐300毫克/升+青霉素600毫克/升+蔗糖40克/升+脯氨酸0.5摩尔/升。

第五章

切花养护保鲜常见问题解惑答疑

1. 影响切花采后品质的主要原因是什么？

（1）水分平衡被打破　由于微生物、有机物质以及气泡等会引起导管系统的阻塞，切花采收后的水分平衡经常被破坏。切花水平平衡被打破时的表现有：

①花瓣萎蔫。有些花对维管束堵塞敏感从而导致未熟萎蔫、早衰，如茜草科植物、玫瑰、菊花、非洲菊。

②弯茎。是玫瑰最主要的问题之一，一旦切花缺水，花朵下方较幼嫩的花茎部分因张力减少无法支撑花朵而弯曲、微管系统关闭，极大地影响水分向花朵的输送，导致花朵萎蔫，水分缺乏只是弯茎的间接原因，未熟采收才是导致弯茎的主要原因。

（2）植物生长调节物质的平衡被打破　切花的生长调节物质是由母株供给的。当切花剪切脱离母体时，许多切花对此的反应是：要么产生过量的生长调节剂，要么生长调节物质的供应不足，进而扰乱切花代谢平衡、导致早蔫。切花植物生长调节物质的失衡主要有：

①乙烯合成增加。乙烯是一个众所周知的衰老激素，在香石竹（康乃馨）、飞燕草以及许多夏季花等的成熟衰老进程中大量产生。乙烯引起的花瓣萎蔫、花蕾和叶片脱落显著缩短了切花瓶插寿命。

②叶片黄化及花朵发育不足。叶片黄化的典型例子如：百合、六出花、紫罗兰、洋桔梗、郁金香，在切花采收仅几天后叶子就开始变黄；鸢尾是大家最熟悉的花朵不能充分开放的

例子。

③茎徒长。如郁金香，在采后运输和瓶插期间能生长 10 厘米。细弱、向光弯曲的花茎会影响观赏效果，特别是在多花装饰的混合花束中。

④向地性。有些切花，如火炬花、唐菖蒲、非洲菊、金鱼草、红掌，如以水平放置运输或贮藏，将会向光或向地弯曲。

（3）营养平衡被打破　能量是水分吸收、植物激素产生、花朵自然发育背后的动力。没有能量，花的形状、大小、颜色和气味就不可能形成，花朵将会比自然发育的花衰老萎蔫的更快。

切花营养不足的症状有：

①限制了花蕾/花的发育。花朵停止在发育的早期，缺少穗状花序的发育，如鸢尾、满天星、菊花、洋桔梗、唐菖蒲；花的各个发育阶段要么不能达到正常的发育水平，要么每些阶段被跳过直接进入下一阶段，比如从蕾期到萎蔫。

②花瓣褪色。与母株上正常的花相比，花瓣着色不够、花色浅淡，如玫瑰。

③减少花芽和叶芽的发育。花提前开放或者不开放，事实上这就意味着早期发育阶段没有完成。

④阻碍了香味的发育。与正常植株花比较，花瓣颜色没有正常的鲜艳，缺少或缺乏花香。

⑤颜色衰败。与正常植株花比较，花瓣颜色没有达到正常的色彩饱和度，缺少或缺乏花香的形成。

2. 购买花蕾期的花好或是开放的花好？

有的消费者以为：购买幼蕾期的切花可以享受更长的观赏期。其实，这不是一个简单的是或不是的问题。它与产品采收时间、采后保鲜处理密切相关。

消费者手上的切花能否正常开放以及花朵开放时间长短，

与种植户剪切切花的早晚有关，剪切过早，切花不能正常开放；剪切过晚，不但切花瓶插寿命短，还会产生一些其他的问题，如在销售期间会导致更多被暴露在外面的花瓣受到损伤，玫瑰、鸢尾、百合、石蒜等切花花瓣很容易在运输、销售过程中损伤。

供销售的切花有很多不同的类型、形式、品种、颜色以及花朵开放程度。每个市场都有自己的不同需求，种植者和行业都尽可能迎合这些需求。从不同花卉市场交易切花的情况可以清楚地看到这一点。

如对于日本市场，考虑日本消费者的要求，石蒜一般在稍微紧一点时剪切。对于这种情况，用保鲜剂如可利鲜 BVB 进行预处理可以得到更长的瓶插寿命、更绿的茎和更多开放的花。

3. 切花养护保鲜的主要技术有哪些？

切花养护保鲜从购买切花开始。养护、保鲜切花的主要技术可归纳如下：

①购买充分成熟和高品质的切花。

②观察茎干质量，检测其强健度、颜色及缺损。

③根据花束的大小确定所需切花营养的数量，给切花选择最适宜的花瓶（即花瓶与切花的最佳搭配）。

④花瓶的最小容量至少要达到 1L。

⑤花瓶在使用之前需要彻底的清洁漂洗，以确保使用的是一个干净的花瓶。

⑥最好避免使用老式花瓶和金属花瓶，如果要使用，请在里面衬上一层耐酸的材料。

⑦仔细阅读保鲜剂的剂量使用说明，将切花营养液与适量的水混合。

⑧使用新鲜的自来水。

⑨避免叶片浸入水中。

⑩确保花茎损伤尽可能小。

⑪只有在必要时才去掉刺。

⑫剪切下至少2厘米的茎，最好剪切5厘米。

⑬使用锋利的刀或者枝剪以避免剪切伤口不必要的损伤。

⑭花茎剪切呈45°角以避免茎末端的损伤，使切口平滑。

⑮切口并非越长越好，因为长的剪口并不意味着更多的维管束通道和水分吸收的增加。

⑯任何损伤茎秆的操作，如破裂、沸水浸烫、锤平、撕裂、穿孔、家用剪刀剪切的伤口等，都会对切花的耐久性产生极大的负面影响，应该尽可能避免。

⑰不要剪切花束中水仙花的茎，除非添加专业的（如可利鲜）水仙花切花保鲜剂。

⑱不要使用没有保护处理或被污染了的有机类材料捆扎切花。

⑲将运输到达时已经萎蔫的切花，随着包装放在水里，于一个凉爽、黑暗的地方进行复水。

⑳使用切花保鲜剂，以专业类型的保鲜配方为佳。

㉑花瓶的加水量约为1周所需的水量。

㉒不要将清洁和不清洁的花卉营养剂混加在同一个花瓶中。

㉓如果添加切花营养剂，没有必要给花瓶换水。

㉔去除萎蔫或/和带有灰霉菌的花。

㉕不要给花和花蕾喷水，因为这样会给灰霉菌的发生创造更好的条件。

㉖花儿不喜欢干燥、阳光直射，避免把花放在靠近暖气、烟雾及有成熟果实释放气体的地方。

㉗每天检查花瓶中的水量。

㉘只有在水位低于瓶高1/3时才需要替换清洁的水。

㉙不要将旧瓶子里的水和新鲜的水混在一起，尤其是瓶插过

不同切花的水，以避免其他微生物和有毒物质的污染。

㉚彻底清洗用过的花瓶，并将花瓶倒立控干。

4. 冷藏室的温度是否应控制在2～4℃或是13～15℃？

不论种植者、批发商或零售商，最好都备有两个冷藏室：一个温度调节在2～4℃，专供适合低温切花使用，例如：康乃馨、玫瑰等；另一个调节温度在13～15℃，专供热带或易冻伤花卉使用，例如：赫蕉、姜花、蝴蝶兰、文心兰、石斛兰、火鹤等。若花店中仅有一个冷藏室，则在大节日，例如母亲节、情人节、教师节之前的1～2周，将冷藏室温度调降至2～4℃，将低价买入的温带鲜花保鲜处理后冷藏起来，并将热带或易冻伤花卉先行移离开冷藏室，以便冷藏康乃馨、玫瑰等温带鲜花，待大节日过后再将冷藏室温度调至13～15℃。

5. 如何将一套冷藏设备用于两个冷藏室？

可将冷藏机所在一室的温度控制为2～4℃，在2～4℃的冷藏室墙壁打个洞，利用小型风扇将部分冷气抽至绝缘良好的冷藏室（另一室），并使用自动感温器将该冷藏室温度控制在13～15℃，以冷藏热带花卉。如此一机二用是获得最大利益最经济的方式。

6. 如何提高冷藏室的空气相对湿度？

减少蒸发器与冷藏室的温度差异，也就是蒸发器的热交换片面积越大、空气循环越均匀、水汽越不易于蒸发器的热交换片上结霜，则空气相对湿度也越高。例如要维持91%的空气相对湿度，冷藏室的温度是1.7℃，蒸发器的温度应为0.6℃。若蒸发器的温度低于0.6℃，则空气相对湿度会降低。此外，也可使用较大型的压缩机，当冷却压缩机运转次数减少，可使湿度提高，但压缩机之效能因而减低，而使费用提高。

7. 在冷藏库中，应如何放置装箱切花？

将切花包装箱或盒放入冷藏库内，至少应有两面与流通的空气接触，多孔的栈板也可放板上堆积，因为空气可以在栈板底部流动。此外，堆放在木架上，使包装箱或盒两面以上与流通的空气接触，冷藏效果更佳。

8. 怎样避免冷藏库中乙烯的为害？

①不要将已腐败的切花或严重病害的切花放入冷藏库内。

②不要与易产生乙烯的果蔬共处一室。

③清除掉落在地上的花朵与老叶。

④在冷藏库内不要使用汽油或瓦斯的搬运车。

⑤每间冷藏库应放置数个乙烯吸收器，挂在冷藏库的不同方位，大约每 2 $米^2$ 大小需一支乙烯吸收器，大约 2～3 个月换一次乙烯吸收剂。

新鲜的乙烯吸收剂颜色为鲜紫红色，使用后当其变为深褐色时表示乙烯吸收剂已需要更换。

9. 如何判断冷藏库中乙烯含量过高？

切花的代谢活动会排出和积累有害气体乙烯，可将乙烯极敏感型切花放置于冷藏库中检测冷藏库中的乙烯水平。如高于 0.03 毫克/千克的乙烯会造成冷藏柜中羽毛状单朵康乃馨花瓣向内卷曲，故冷藏库中可放置数枝羽毛状单朵康乃馨，若发现花瓣向内卷曲，则表示冷藏库中乙烯含量过高。

10. 冷藏库应使用何种灯具？

灯泡所发出的热会影响冷库的冷却效率。日光灯管较不易发烫，故冷藏库中之照明基本上以日光灯管为宜。但日光灯的稳定器易发热，应将稳定器装设于冷藏室外，以避免在冷藏室内发

热，耗费部分冷却效率。

11. 怎样给花束选配适宜尺寸的花瓶？

花束和花瓶的最佳结合，既花瓶和花束的大小、长度、重量、花枝数量之间呈最佳搭配，使花束能够：保持花的直立性，至少保持1周内充足的水分，维持花的平衡，达到理想的摆放位置。插花者的经验为花瓶的高度应该介于花束长度的40%～60%。怎样根据花束的大小和形状选择适宜的花瓶，对消费者调查显示：估算需要1～2升容量的花瓶一般没有困难，而低于1升或高于2升时就不太准确了。甚至放在仅有（至少）0.8升的花瓶里的最小花束，通常也显得更大些。普遍价格花束可以用平均容量为1.5升的花瓶，一般装满花瓶的80%。总体而言，1升是最小的花瓶容量。

此外，请牢记切花营养液对于花卉的发育和瓶插寿命是必要的，精确的切花营养液剂量对于达到目标是至关重要的，消费者至少应该注意以下几点：小花束需要至少溶解于1升溶液的切花营养，大花束需要足够2～3升溶液的切花营养剂，瓶插期间应根据溶液吸收情况补充水和切花营养剂。

12. 什么类型的花瓶最适宜供切花瓶插？

任何花瓶均可用于插花，但并不是所有的花瓶都同样能保证切花的正常发育。不同材质花瓶的特点如下：

（1）玻璃花瓶　是一种惰性、坚硬、光滑的材料，玻璃花瓶和瓶插液不会起反应，易于清洁，对硬枝、皮刺等花瓶内部的划痕也不敏感。

（2）水晶花瓶　旧式的水晶花瓶中一般有微细的小孔，使微生物容易滋生、聚集，这些小孔很难清洁，易使花瓶因污染变得暗淡。新的水晶花瓶不再有这个问题。

（3）塑料花瓶　相对而言，塑料是一种中性材料，但不是所有塑料都耐酸和抗经常不断地清洗，经常清洗导致花瓶内壁老化、出现小的划痕。长远来说，由于频繁使用引起小划痕，塑料花瓶会变得越来越难以清洁，对切花瓶插寿命带来副作用；总是选用耐酸的塑料花瓶。

（4）陶瓷花瓶　如果经过打釉，陶瓷花瓶是中性的。如果未经打釉，或者釉质保护被损坏，微生物在破坏的釉质里滋生使其更难清洁，从而对切花瓶插寿命产生副作用。

（5）金属花瓶　切花营养液一般呈酸性，如果不是，切花代谢反应也会使瓶插溶液变为酸性，酸性条件增加了花瓶水溶液中离子交换的机会，从而使瓶插液中的金属离子浓度增加。这些金属大部分对花是有毒的，引起叶烧、花烧。因此，使用金属花瓶或容器，必须使用耐酸的内衬，如耐酸塑料。

13. 切花营养液会损伤花瓶吗?

是的，会在花瓶的内壁形成污垢和环状痕迹，尤其是对老式水晶花瓶。切花茎、叶、刺等的降解物、空气中的烟尘等会污染瓶插液。所有这些污染物以及溶液中的有机物、灰霉、细菌等残留在老式水晶花瓶的微孔中形成细小的刻痕、划痕；当水位下降、变得干燥时，液面的浮渣在花瓶四周沉积形成环状痕迹。

如何防止花瓶污垢或环痕的产生?

保持瓶子里的水清洁，可防止暗沉斑点的出现。但只用自来水时，有些污染是无法避免的。

切花营养和酸性调节剂能够恢复切花自然抗性，防止茎叶恶变，延缓因采切引起的快速老化，从而减少因组织降解引起的污垢。正确的剂量对获得理想效果非常重要。

对老式和新式水晶花瓶进行瓶插液的测试，发现只有旧的水晶花瓶易于形成污垢和环状痕迹，只用自来水作为瓶插液比加入切花营养液的水的情况更糟。

形成的污垢和环痕用一般家庭的清洁产品很难进行清洁，专

家提醒要去除花瓶的污垢和环痕是一个昂贵的操作过程。因此建议选用内壁磨砂的花瓶，水晶花瓶使用新的，旧式的只用来做装饰。

14. 在瓶插液中加酒精有什么好处呢？

酒精不仅具有杀菌的效果，并可抑制乙烯的合成，在瓶插液中加酒精可促进花梗吸水、使瓶水保持清澈。药用酒精的使用量为水量的0.5%～4.0%。

15. 为什么不使用未受保护的金属花瓶，对切花有毒的特殊离子有哪些？

（1）瓶插液酸化与切花茎、叶、花烧　切花营养液中的pH调节剂通常将瓶插液调节为酸化环境，因水的硬度、碱度的不同，其pH在4～5；即使只用自来水，几天之内因茎秆分泌物、组织降解、微生物活动等瓶插液也会酸化。酸化的瓶插液会导致溶液中的离子与金属容器（桶、瓶）的离子，如常见的Zn或其他金属发生离子交换，几天之内这些金属离子浓度可能会变的很高，一旦这些金属离子被切花吸收茎秆褪色、叶片花瓣灼烧等毒害症状就会产生。

（2）对切花有毒的特殊离子　容器和自来水中的有些成分/离子在较低的浓度就会对切花产生毒害，即生理毒害，对切花伤害研究和了解较多的这类离子主要有：氯、硼、氟、锌、镉、铜和铁离子。几种重要毒害离子的极限浓度为：

①锌。如果使用酸性保鲜液（如可利鲜Professional和可利鲜Cleaner)，锌离子很容易达到毒害浓度160毫克/升，一旦达到这个浓度所有切花都会产生灼烧症状，给花和叶造成严重的伤害。即使是只使用自来水的瓶插液，锌离子也会达到上述产生毒害的浓度水平，只不过时间上延后几天而已。

②铜。在10毫克/升的水平时，会造成对玫瑰的伤害。

③氟。5毫克/升的氟可导致菊花和小苍兰花叶伤害，非洲菊花瓣尖端褐变等组织坏死；2毫克/升的氟导致百合叶片黄化。

（3）使用含锌的花瓶/容器的方法　在含锌容器/花瓶中放入一个耐酸的塑料花瓶或衬里，从而隔绝金属与酸溶液的接触，这种方法也可以防止金属容器生锈。此外，可以选用看起来像锌的塑料容器或花瓶。

16. 为什么要清洁花瓶？在什么时间清洁？

切花瓶插期间，切花叶/刺降解碎片、空气中的灰尘等会污染瓶插液，瓶插液中的这些降解碎片、各种有机物、死亡菌体等进一步成为微生物的食物源，从而使吸水所需的花茎维管束堵塞。因此，用后立即清洗容器或花瓶是一个非常好的习惯。选用一些含氯或柔和的清洗产品进行清洗，擦洗之前让它浸泡一段时间，然后用刷子进行清洗。此外，可利鲜等从事切花保鲜产品的公司已开发出消费者家庭使用及花店专用的清洗产品。

当干燥花瓶时，将花瓶自然放干可以避免擦布上带有的病菌的污染。

一般来说，每个家庭都拥有至少1个以上的花瓶。所以有些花瓶重新使用之前会放置一段时间。放置花瓶的橱柜等地方不可能总是干净的，花瓶放置过程中也有可能被污染，因此花瓶再使用之前应该再次清洗，这样才能使切花有一个“新鲜干净的开始”。

17. 怎样将花瓶中的污垢线去除？

污垢线的产生原因是：切花瓶插期间，除空气中的污染物以外，微生物在瓶插液中滋生繁殖，不仅有害于切花的观赏品质，还会腐败花茎、茎中有机物质被微生物分解共同污染瓶插液，污染物尤其聚集在水表面，当水面下降时形成污垢线。

保持水的清洁是防止瓶插液被污染最基本的要求，尤其是只

含有自来水的瓶插液。此外，瓶插液中添加切花营养剂可以增强切花抗降解能力、减少组织降解物的污染。

如何去除花瓶/容器污垢线呢？对于花店，建议使用专业的（如可利鲜）清洁剂，那是一种软性的、非侵略性和漂染性的清洗剂；对于消费者，普通的洗涤剂或专业花瓶清洗剂均可选用。无论花店或消费者，将插花的花瓶或容器彻底清洗干净是基本的要求。

18. 如何存储花瓶和桶？

花瓶清洗后，往往会有一些小水滴留在花瓶上。花瓶存放期间，这些水滴成为细菌等微生物生长的理想生存环境。因此，建议将花瓶、水桶等盛花容器倒立存放以去除水滴，这种摆放方式也可以防止灰尘、污垢等的进入。这也是使用之前重新清洗花瓶的原因之一。如果购买的花束同时配有花瓶专用清洁药片，请根据使用说明配制洗液，在插花之前将花瓶清洗干净。

19. 什么是瓶插液的最佳水温？

瓶插液的适宜水温如下：

（1）冰水　通过干藏的切花茎末端可能会变干、产生气泡堵塞茎秆，从而降低花枝吸水。冰水可以溶解气泡、有效地打开水分吸收的通道。因此冰水插花是可以的。

（2）自来水　自来水的水温一般在10～15℃，使用自来水简单、方便、随时可以获取。溶解有切花营养剂的自来水不但防止花茎中产生气泡，同时给切花提供营养，是完美的配比。

（3）温水　温水可以助溶粉剂切花营养剂，未充分溶解的切花营养剂粉末会沉积在花瓶的底部，但只有含有酸性调节剂、所谓非清澈的切花营养剂会在瓶底形成黏性沉淀物，其他类型的切花营养剂一般不会有沉淀产生。因此，没有必要使用温水。

（4）热水或沸水　将切花茎秆用热水浸渍可以消除气泡，或者防止黏液分泌，且当热水或沸水冷却后，水中所含的氧气或气泡更少，能减少花茎导管阻塞。但一个不利的结果是花茎组织被破坏，被破坏的组织几天之后开始降解，对切花持久性、质量产生负面影响。因此，使用热水或沸水虽然可以解决导管堵塞，却以切花质量为代价，建议不要使用热水或沸水。

20. 什么类型的水适宜切花瓶养?

水是切花健康的源泉、是保证切花适宜生长最基本的需要，水也是切花细胞生长的主要成分，为细胞提供张力，水还是花、叶生长所需各种营养成分的运输介体。切花水分缺乏导致花、茎、叶疲软，最终引起未熟萎蔫和瓶插寿命的结束。常见的水的种类有：自来水、雨水、地表水、地下水、去离子水、微孔滤膜水，但并非所用类型的水都有利于切花。

（1）自来水　自来水显然是最普通和最容易得到的水，但它是否是最好的却很难界定，因为没有“标准”自来水。每个国家、区域、城镇、甚至在镇之内的自来水都有可能不同，而且从一个区域到另一个区域，自来水中的有机物、微生物、化学成分、酸碱度和污秽可能存在巨大的区别。

决定自来水是否伤害切花的因素主要有：水的pH、可溶性离子的总量及水中的特殊离子。

①水的pH。低酸度的水（pH4～5）可抑制微生物的繁殖，增加水在茎段中的流速。自来水通常是一个中性溶液，pH在6～8。

②水中可溶性离子的总量（TDS）。切花的衰败与水中的TDS直接相关，不同切花对TDS的敏感性不同。

TDS含量达到200毫克/千克时，香石竹、月季、菊花持久性下降，而唐菖蒲的耐盐性较强，只有当TDS达到700毫克/千克时才影响它的持久性。

③水中的特殊离子。切花对自来水中的氯、氟、硼、铁等离

子含量非常敏感，当其浓度很低时就会对切花产生毒副作用，如当氟离子为 1 毫克/千克时，唐菖蒲、小苍兰、非洲菊受害；5 毫克/千克时，菊花、金鱼草、一品红、月季受害。

（2）逆渗透水　使用孔隙极小的薄膜和高压，使水中的阴阳离子及相对分子质量超过 100 的分子均被阻挡于膜外，仅有纯水可透过薄膜，逆渗透水中无任何离子，水质极纯，但需极高的加压马达方能制水，且制水量较慢。

（3）无离子水或蒸馏水　由于不含杂质、无菌，可增强保鲜剂的作用效果，但价格较贵。

（4）微孔滤膜过滤水　在减压状态下，经微孔滤膜过滤，排除水中气泡及可溶性离子，减轻导管中空气堵塞和离子的毒害，为最理想的水，但价格也最高。

（5）煮沸后的自来水　高温煮沸后的自来水，空气含量减少，去除病原菌、盐离子沉淀，且成本较低，也可作为无离子或蒸馏水的替代。

一般来说，自来水与含有 pH 调节剂、软化剂等切花营养剂（如可利鲜 RVB）的结合使用比较理想。

因为水质极大地影响着切花品质和切花养护产品的效果，定期检查水的质量非常重要。由于水的质量问题引起的毒副作用主要有：减少切花水分吸收，干扰切花正常发育，缩短切花瓶插寿命，出现特殊粒子氯、氟、硼、铁的毒害症状。

21. 切花瓶插液为什么需要添加保鲜剂？

切花一旦被剪切就失去了由母株提供的水、矿质营养、植物激素等成分，扰乱切花代谢平衡从而使切花发生一系列的恶变。只有人工补充类似于来自母株的水分、营养、植物生长调节剂，才能提高切花抗性、抵抗切花茎叶细胞恶变过程，使切花依然像在母株上一样的正常发育。切花保鲜剂就是模拟母株，为切花正常发育、香味色泽的形成创造适宜条件的产品。

切花保鲜剂有通用保鲜剂和专用保鲜剂两大类，通用型保鲜剂是针对所有切花共性问题设计的，专用保鲜剂则是根据不同切花的问题设计的，如针对月季弯茎、兰变等问题的月季专用保鲜剂、针对消除水仙花黏性分泌物毒性的水仙专用保鲜剂等。

含有保鲜剂的瓶插液通常可以使用5～7天，如果瓶插寿命期为7天以上，那么切花需要补充保鲜剂。

22. 切花瓶插液为什么会变得恶臭、混浊？

切花瓶插几天后溶液发出难闻的气味、变得混浊的主要原因，是微生物的滋生及微生物导致的切花组织的衰败引起的。尤其是在只使用自来水的情况下，几天之内微生物就会污染瓶插液和茎的导管系统、腐败切花组织。

细菌是目前导致这一问题最主要的原因，混浊的瓶插液和被堵塞茎的导管里检查到大量假单胞菌、芽孢杆菌、肠杆菌属的细菌存在。切花花茎导管堵塞是一个物理过程，因此活着和死去的微生物、切花组织降解的有机物都可能导致这种堵塞现象；此外，微生物的分泌物也是为害切花的因子之一。

为了美观和好的切花品质，需要勤换水以保持瓶插液清澈、无气味，每次换水或补水都要注意保鲜剂的配比问题。

23. 为什么花瓶底部会产生白色沉淀物？

白色沉淀物的来源主要有两个：一个是碱性自来水中的Ca^{2+}、Mg^{2+}等离子形成的石灰沉淀，另一个是含有杂质的切花营养剂或保鲜剂的沉积，他们对切花的影响主要是堵塞花茎维管束通道。

防止这种白色沉淀产生的方法是：使用pH4～8酸性至中性水或用酸化剂调节碱性水，使用无杂质精制的切花保鲜剂或营养剂，产品的纯度越高，瓶插液就越清亮。

染物的切花。含有营养物质和 pH 调节剂的专业保鲜剂，不但可以恢复切花养分、水分平衡、抑制病原微生物，还可以将切花细胞抗性和茎秆抗腐败的能力恢复到如在母株上一样的水平；保鲜剂同时也延缓了由于采切所引起的切花的老化加速，使切花保持近似自然完整的生长状态。因为切花保持近似正常的生长发育，从而避免瓶插液被花茎组织的降解产物所污染。插在只用自来水的瓶插液中的切花容易代谢紊乱、花茎组织腐败、微生物滋生从而快速衰老变质。

加入保鲜剂应用正确的剂量十分重要。粉末状或液体状的保鲜剂均可选用，只要保证其溶于水中后溶液清澈，因为不澄清的溶液会因为渗透势过高，切花不能从瓶插液中吸水进而引起某些切花的烧叶，如菊花。

选择切花保鲜剂的时候，如果没有专用的切花保鲜剂，可以选择广谱型的保鲜剂。如果加入足够的溶液，且花束和花瓶大小搭配适宜，5～7 天之内不需要补充溶液。第一周一般是切花吸收各种所需营养物质最重要的时期，从第二周开始可以用广谱型保鲜剂代替专用保鲜剂，尤其是专用保鲜剂不充足的情况下。

34. 保鲜剂浓度使用不当对切花有哪些影响？

营养物质是影响切花保鲜液浓度的主要成分，在添加保鲜剂时使用正确的浓度非常重要，浓度过高过低都会导致不理想的效果。浓度过高犹如人类过量饮食而导致的肥胖病，偏离了切花生长所需要的基本条件，大大降低了切花的预期寿命；浓度过低则往往起不到效果。当所添加的保鲜剂浓度低于标准的 80%时，会因营养不足影响切花色泽、气味的形成及花、叶组织的生长；当所添加的保鲜剂的剂量高于标准剂量的 150%时，会因为溶液渗透势过高，切花不能从溶液中吸水导致花瓣、叶片的灼伤和茎秆褪色。

35. 可以用一些家用产品替代专业保鲜剂吗?

在日常生活中，我们经常会用含有保鲜剂成分的家庭日常用品代替保鲜剂使用，事实上这些产品并不能起到预期的效果。下面列举几个例子：

(1) 氯气　一种对植物组织、衣物、人的皮肤侵蚀性很强的产品，因其具有杀菌和抑制乙烯的作用使切花达到保鲜的效果。氯气使用时浓度必须相当精确，否则会使切花反受其害；有时即使浓度使用得当，由于氯气有分解性，它对植物作用的有效时间是非常短的，无法给瓶中的切花提供持久的保鲜效果。

(2) 铜币　只有铜离子才能起到杀菌、保鲜的效果，把铜币放到水中会使铜离子释放到溶液中需要很长时间，所以使用铜币的保鲜效果不明显。

(3) 软饮料　软饮料被用作保鲜剂替代品的原因是其含有营养成分，但软饮料中的营养含量是非常低的，能供给切花叶片和花朵生长发育的营养物质是很少的。虽然它可以为切花补充糖源和调节瓶插液的 pH，但与专业保鲜剂相比效果低、成本高。

(4) 糖　尽管糖能给切花提供能源，但只含有糖的瓶插液为微生物的滋生繁殖提供了极好的食物来源，瓶插液将迅速被污染。

总之，以家用产品替代切花保鲜剂，它们没有用量和成分的明确说明，经常没有效果甚至给切花带来副作用。

36. 切花保鲜剂会引起皮肤过敏吗?

尽管大多数的保鲜剂不属于容易引起过敏的那一类，特别是像可利鲜（Chrysal）这类的专业产品，但如果总是反复接触高浓度的浓缩液也可能会引起皮肤过敏。为了保护皮肤，接触保鲜

剂的时候最好戴上手套，使手保持干燥，因为当手很潮湿或者带有伤口时更容易出现皮肤过敏。

37. 切花营养剂与植物肥料有什么不同?

切花营养剂是一些可以通过表面快速吸收、植物可以直接利用的营养物质，切花通过茎基切口快速吸收后经花茎维管束系统输送到花叶部分，类似于人类的静脉注射。除了可以直接施在叶面的叶肥以外，植物肥料由根系可以吸收的营养成分组成，通过根系吸收后，在光照的作用下转化为植物能够利用的营养成分，肥料利用的条件是具有完整的植株、完整的根系和充足的光源。

38. 切花花茎为什么需要再次剪切?

当种植者将切花从母株或根系上切割下来时，如同人们皮肤上的伤口，切花立即进行愈伤反应，在花茎切口处迅速形成一层保护膜，切花的这个保护膜可以帮助自身抵御来自外界的污染和伤口所引起的水分流失。如果直接将切花放到瓶插液中，切口处的保护膜使切花吸水的能力大大减弱甚至会停止，从而导致切花失水萎蔫、提前死亡。如果在切花放入容器或花瓶前切掉茎秆末端的一部分，可以帮助茎秆恢复吸水能力。

微生物无处不在，它可能生长在切花的茎叶、切口表面、容器、工具和操作台上。花茎表皮的切口处是微生物绝好的食物来源，当大量的微生物聚集去侵染茎秆时会使茎秆堵塞，影响营养的吸收，从而大大降低了切花的品质。污染物或组织降解物堵塞切花切口表面，只有将切花茎基剪切至少 2～5 厘米去除维管束堵塞后，才能有效地帮助茎秆恢复吸收养分的能力，切花保鲜剂不具有消除这种堵塞的能力。

一般来说，如果切花脱水时间超过 30 分钟以上，无论是花枝复水或保鲜液处理之前均需要再次剪掉花茎以恢复花茎吸水能力，剪切长度一般5～10厘米为宜。

39. 为什么很多花商没有再次剪切花茎？

新鲜、开放的切花茎基切口可以保证切花获得最大的吸水量。当切花离开水后，植物自我保护系统促进切花敞开的伤口闭合以避免外来污染，使切花吸水通道受到阻碍。很多切花离水时间超过30分钟并表现出吸水能力的下降。从切花采收到切花瓶插观赏过程中，切花干置的时间往往长于30分钟，再次剪切花茎可以消除茎基切口保护膜的堵塞、恢复花茎吸水能力，但是许多花商经常不进行此项操作，原因大致有以下几点：

①切花采切后一直在拍卖商手中运输。

②缺乏时间。

③缺乏正确养护切花的相关说明。

④员工没有相应的专业培训。

⑤只关心切花到达花店时的质量，不关心切花到达顾客手里时瓶插寿命是否有保障。

⑥当切花供应给婚礼和葬礼时，只需要1天的保质期。

40. 怎样选择切花花茎剪切工具？

当切花离开水30分钟以后，茎就需要重新剪切。可供剪切的工具有很多，如修枝剪、普通剪刀、花店专用剪刀、厨房用刀等，花店专用剪刀、修枝剪对消费者和花店来说，都是最好的剪切工具。无论选用什么工具，保证剪切工具的锋利及清洁非常必要。

工具锋利不会造成茎切面的伤害及茎切面损伤细胞营养物质的流失。如果工具不锋利，损伤的切面和渗漏的细胞营养内容物为微生物的生长提供物质营养，最后导致溶液变臭、切花发育减缓。

不干净的工具会污染切口表面，进而污染瓶插液，从而对切

花的发育产生负面影响。对于花店来说，必须每天清洁剪切工具；对于消费者来说，在每次使用之前必须将剪切工具清洁干净。

41. 应该怎样剪切花茎?

首先，要保证剪切切口的清洁。剪切茎是为了让花茎重新开始吸收水分和营养物质，从而保证切花的正常发育。但是剪切同样会造成伤口，导致感染的危险，不干净的剪切工具，会导致微生物的大量滋生，进而缩短切花瓶插寿命。

45°剪切角度是最佳的剪切方式。首先，这个角度最容易剪切，不需要太大的力量；其次，沿这个角度剪切的伤口干净而平滑。角度过小或者过大会因为压迫组织对茎造成更大的伤害。

剪切的长度通常建议在2～5厘米。要彻底去除被污染的部分就需要剪切5～10厘米。有关切面的大小，并非切口面越大越好，切口吸收的水分和营养物质是必须通过花茎维管束向上运输，吸水量的多少与切口大小无关，因此只要保证切口干净、平滑、损伤小即可。

42. 为什么不能刮伤花茎表皮?

刮去茎的表皮会对茎造成极大的负面影响，为影响切花品质的十大不利操作之一。

刮去茎表给茎秆造成大面积的伤口，茎秆失去自然的保护；相应的创伤细胞组织液渗漏促进微生物生长、加速花茎组织恶变、瓶插液混浊恶臭；损伤导致的有毒物质的产生致使切花进一步受到伤害，在混合花束中的影响尤为明显。

叶、刺去除操作往往导致花茎表皮大量刮伤，尤其是在使用工具或是机器时更容易造成茎表的伤害。因此当需要去除部分叶、刺时不要使用工具或者机器，尽量避免伤害茎表。如果不影响切花的正常使用，不需要除刺。

43. 为什么不能使用茎端击碎法?

过去人们认为，把切花花枝末端击碎插入花瓶，可以增加花枝吸水面积，使水分供应充分，延长花期。但切花吸收的水分和营养必须经花茎维管束导管运送到其他部位，茎端击碎法不但不会使水分的吸收增加，反而会使细胞中的营养物泄漏出来，成为微生物生长极好的营养源，致使瓶插液几天之后散发出难闻的恶臭味，最终导致茎秆褪色，花、叶萎蔫。

如果种植者使用这种方式，也许切花到达销售者手中时已经萎蔫，但可以肯定的是，到达消费者手中的是已萎蔫的切花。

44. 为什么不能使用茎端灼焦法?

灼焦技术的理由是，木本切花花枝末端烧焦后，一方面可以防止细菌从切口侵染，另一方面增大了木质茎的开口从而增加水分吸收。

灼焦茎端使一部分的茎秆细胞被杀死。虽然这种方法一开始可以使水分的吸收量增加，但灼伤后腐烂的茎端组织几天以后开始向瓶插液中扩散。这些腐烂的花茎组织不但污染瓶插液，还为微生物的生长提供了营养物质，使微生物在瓶插液中迅速繁殖，导致瓶插液变得混浊、恶臭，极大地阻碍了切花的正常发育。是典型的“抓芝麻、丢西瓜”的做法。

45. 水中剪切花茎的利与弊?

在水中剪切茎，可以防止空气进入茎秆、形成气泡堵塞导管。因此水中茎剪切一直受到重视，已成为美国花卉业的一个常规操作，并有了专门的水中茎剪切工具。但现在这种方法已经过时了，可利鲜（Chrysal）等专业保鲜产品公司开发的切花保鲜

产品，可以稀释溶液中的气泡、确保水分像在母株上时一样的快速吸收，不再需要水中再次剪切。这类产品适用于生产者、销售者以及消费者各个阶段。

此外，在水中剪切虽然不会产生气泡，但在水中剪切也存在着负面的影响，剪切下的茎段留在水中，水被这些茎段所污染，使水溶液很快变成“菌汤”，而这样的“菌汤”则是切花吸收的第一份水。

46. 切花水分吸收堵塞的原因主要有哪些？

造成切花水分吸收堵塞的原因主要有：切口表面的保护膜、容器或瓶插液中的叶刺等有机物质、导管中的气泡、溶液或茎基切口表面的微生物等，尤其是微生物的堵塞。微生物无处不在，存在于茎、叶、切口表面、溶液中、工具上甚至是操作台，大量的微生物可能导致切花的质量损失，因为它们堵塞花茎末端导管、阻塞花茎对水分和养分的吸收；此外，细菌可以产生乙烯，可以加速某些切花，例如香石竹的老化过程。要避免微生物的疯长，主要是避免其得到营养物质。

以下措施可以较好地避免切花水分吸收堵塞：

①如果切花离开水 30 分钟以上，在放入容器或花瓶中之前剪去一部分茎端，这种方法适用于整个切花流通链的所有阶段。

②剪去茎端 5～10 厘米以消除各种污染和堵塞现象。

③保持工作环境清洁卫生，去除各种污染物，避免花茎损伤。

47. 水分在花茎中是如何运输的？

水分及溶解于水中的营养物质是通过一个所谓的“水管道”系统运输到切花的花、叶部分，这个系统即花茎的木质部导管。每种切花其木质部导管的长度是有限的，如玫瑰花的导管长度一般在 2～10 厘米。含有花叶正常发育所需营养的水分通过这些一条条相邻的木质部导管由下往上运输，一旦导管被堵塞，水分吸收就会受阻，通过这种方式吸收的水分是维持切花自然发育所需的主要水分。

48. 为什么不同切花花茎携带的污染不一样？

田间采收的切花本身都携带有微生物，附着在花茎上的微生物将成为瓶插液的主要污染源。切花种植、运输、销售遍布世界各地，每一种切花携带的微生物都是其生产或来源地所特有的，这种污染被称为“携带污染”。所以不同切花带到瓶插液中的污染源是不一样的。

49. 为什么换水前一定倒掉剩余的瓶插液？

切花携带微生物的多少因茎秆表面积大小和表皮结构的不同而不同，以毛状、柔软茎表皮的切花如非洲菊、紫罗兰最多。带有较多微生物的花茎插入瓶插液后，瓶插液将很快被快速增长的微生物污染。如果将用过的瓶插液与新鲜水混合，新鲜水给旧瓶插液中的微生物提供了理想的条件，导致微生物更快、更多地增长。因此换水前一定倒掉剩余的瓶插液。

50. 玫瑰切花弯茎的原因，如何解决？

过早收获是导致玫瑰切花弯茎最重要的原因。由于过早的采收，花蕾下方的花茎发育不够健壮以支撑随着花朵发育不断增加的重量而弯曲。花茎的弯曲就像是掐断了维管束通道，水分正常的吸收、运输中断，花蕾因缺水而萎蔫；相反，叶片却保持健康生长；过早收获也使得切花组织对缺水更加敏感，当水分的吸收不能补偿水分的蒸发，花茎就会在其最脆弱、木质化程度最低的地方弯曲，特别是在维管束导管发生堵塞的时候。

玫瑰切花弯茎的另一个主要的原因是，切花生产时未使用石

灰中和因玫瑰花肥引起的土壤酸化，使花梗中钙质不足。

此外，冬季温室中过度的人工补光，致使切花丧失调节气孔关闭的能力，切花水分蒸发快。

切花的弯茎是不可逆转的，唯一能做的就是将弯茎的切花扔掉。选择光不敏感型品种，当切花达到适当的成熟度时采收，采收后种植者对切花进行适当的预处理、包装、冷藏，销售商和消费者使用相应的切花保鲜剂可以较好地防止玫瑰切花的弯茎现象。

不同切花品种对弯茎的敏感性不同。

51. 玫瑰花束在冷藏过程中容易落叶，应如何处理？

冷藏过程中容易落叶，主要因微生物感染，产生过量乙烯，乙烯造成叶片黄化及落叶。故可先以稀释 1 000 倍的抑菌剂浸泡花梗 3～5 分钟，不仅可以补充水分，还可达抑菌之效，此外还可以抑制叶、刺变褐及变黄落叶的现象。

52. 冷藏玫瑰花不开花的原因有哪些？

冷藏后有些玫瑰花不能正常开花的主要原因有五点：①成熟度不足，即在蕾期采收；②细菌感染，造成严重损伤；③品种差异；④冷藏室中乙烯浓度太高；⑤过度失水。

53. 玫瑰花梗脱刺后为什么花开得快？而且花梗也容易变黑？

玫瑰因脱刺受伤后，会分泌大量的乙烯，乙烯会造成花朵开得快，故脱刺时应尽量不使表皮受伤。当花梗受伤时很容易变黑，这是因为多酚氧化酶的氧化作用所致。如同苹果削皮后会变褐色一般，而非铁质造成氧化褐变。花梗脱刺后，可瞬间浸泡于稀释 500 倍的抑菌剂，减少伤口扩大以抑制玫瑰花梗褐变。

54. 导致花茎褪色的主要原因有哪些?

引起切花花茎褪色的原因很多，有些有负面效果、有些却没有。当然，没有褪色的花茎在玻璃瓶中看起来会更美，此外褪色的茎秆给人花已经老化的感觉。总之，茎秆褪色会给人负面印象，必须尽量避免。

导致花茎褪色的原因主要有：

（1）低pH　切花瓶插适宜的pH范围为4～5，花茎在酸性溶液会软化、褪色，但这样的褪色并不影响切花组织的完整和瓶插寿命。

（2）微生物　瓶插液中快速增长的微生物腐败花茎组织，导致花茎软化褪色，这种褪色的花茎组织死亡、失去吸收功能、影响切花发育。

（3）氯气　针对非洲菊，氯气通常被用作非洲菊的保鲜剂成分，但氯气的腐蚀作用很强，使用的剂量必须精确，如果过量将不可避免的引起茎秆褐变，氯腐蚀引起的茎秆褪色和茎组织的恶变将会缩短切花的瓶插寿命。

（4）表面活性剂　为促进水分吸收，经常会向水或保鲜液中添加一些表面活性剂，这些产品会导致有些切花，如香石竹等切花花茎表面蜡质层的溶解，花茎褪色，这种褪色不影响切花品质。

55. 非洲菊的花梗基部可否剪除?

若未使用保鲜剂或抑菌剂来插花，仅使用清水插花的话，则不要剪花梗，比较不易持续溃烂。若使用保鲜剂或抑菌剂，则剪不剪皆无所谓，都不易发生溃烂，但剪后吸水性会增加。

56. 为什么非洲菊花头易向下软垂?

造成非洲菊花头软垂的原因主要有：①采收太早（太嫩）；

②花梗切口变干不吸水；③花梗基部已溃烂。

可以插于稀释1 000倍的抑菌剂中，并加入水量1%的药用酒精，可促进花梗的吸水性，使花瓣非常硬挺。

57. 非洲菊的花梗为何容易折断？

少数非洲菊的品种在高湿、25℃、又无风条件下，花梗易折断，主要是因为花梗缺钙所致，可在叶面喷洒硝酸钙与硝酸钾会有显著改善。

58. 怎么避免花茎出现黏液？

目前，已知的切花花茎产生的黏液有三种，这三种黏液分别是由水仙花韧皮部筛管分泌的黏液、由于不清洁的操作引起花茎产生的黏液及马蹄莲茎端组织开裂卷曲产生的黏液。这些黏液对切花花、叶的发育产生不利的影响，进而影响切花瓶插寿命。

水仙花韧皮部筛管分泌的黏液会导致混合花束中其他切花烧花的现象，这种毒害可以使用可利鲜（Chrysal）等专业公司生产的专门水仙花保鲜剂中和毒性黏液；不清洁的容器、工具及不卫生的操作等引起的花茎黏液的负面影响，使用杀菌保鲜产品可以消除防止其为害；欧文式细菌引起的马蹄莲茎端开裂、卷曲产生黏液的毒害至今没有任何方法可以解决。

59. 如何防止水仙花黏液对其他切花的影响？

水仙花的观赏期主要在冬末春初时节，主要特色是其明亮的颜色和独特的花形。水仙作为切花，即可与其他切花组成混合花束，也可以包装成单一花束。水仙从母株上切割后，茎端会分泌出一些黏液，这种黏液会对其他切花造成损害，引起其他切花烧叶、变色、茎干变得黏稠等。避免这种毒害现象的方法主要有以下两种：

①是将刚刚剪切的水仙花单独放置1天后，再与其他切花一起瓶插。因为水仙花黏液分泌主要在切割后的头几个小时，将剪切下来的水仙花单独放置1天能很大程度防止有毒黏液的为害。另一种是使用专业的保鲜产品，如可利鲜CVB药片或可利鲜水仙花专用保鲜剂，通过中和有毒黏液消除其毒害。

②值得注意的实践是：总是在剪切水仙花之前剪切其他切花，这样可以避免水仙分泌的黏液经剪切工具传染。

60. 种植者在菊花采收后应如何正确处理？

菊花采收后，尽快吸取含抑菌剂的冰水，可快速预冷与杀菌。虽有部分种植者采用强风预冷处理，但在强风预冷前花梗必须充分吸水，才不容易萎凋。若采用稀释1 000倍的5℃的抑菌剂浸泡，则可快速有效降低温度，使其更耐熏蒸处理，并有效抑制微生物的污染与蔓延。经1 000倍抑菌剂浸泡的菊花冷藏3周较不易变黄，具极高的销售价值。

61. 为什么套在塑料袋中满天星的最外围容易变黑？

因为套塑料袋的满天星，进出冷藏柜时，冰冷的塑料袋及满天星遇到室温的空气，产生冷凝水沾于塑料袋上，花朵沾到冷凝于塑料袋上的水分，便氧化褐变。

62. 满天星为何以白报纸包装较合适？

白报纸的吸水性、透水性、透气性皆好，故不会局部产生过分潮湿现象，引起花朵褐变现象。

63. 怎样防止郁金香切花花茎伸长？

众所周知，郁金香是荷兰最有名的花卉。作为切花，这种美丽花卉存在叶变色、茎伸长以及瓶插寿命相对较短等一些

问题。

郁金香植株中的植物激素会刺激花茎向光生长，如果切花干运、水平放置的话，其茎秆会受光的影响向上伸展。在这种条件下，许多郁金香品种的花茎平均伸长会达到10厘米以上，对单一的郁金香花束这不是问题。然而，人们喜欢混合尽可能多的切花。在理想情况下，这种混合花束中的花朵的长度应该相同，并且有着差不多的瓶插寿命，所以郁金香花茎伸长的现象变成了问题。

如何克服郁金香花茎伸长对花束观赏效果的影响？常用的一种方法是用铁丝将其固定，铁丝固定可以克服弯茎问题，但对花茎伸长毫无作用，且在酸性的切花瓶插液中，因铁丝和溶液发生离子交换，干扰切花的正常发育。另一个常用的方法是不一样的花茎长度法，为了使郁金香能与其他切花更好地搭配，有时候会将郁金香花茎剪切得比其他切花更短一些，但郁金香切花有可能伸长后再次高于其他的切花。最有效的方法是选用适宜的保鲜产品、合理的预处理，结合冷链流通。

64. 为什么洋桔梗切花容易弯茎？应如何处理？

洋桔梗花梗中含有乳汁，阻碍吸水，在瓶插液中加入水量1%的药用酒精，可促进其吸水性。这就犹如人们喝了酒后，促进血液循环一般。所以桔梗也爱喝酒。如果只加酒精，瓶水仍易发酸，故酒精要加在稀释1 000倍的抑菌剂中，则瓶水不易变酸，且在夏日可插1周左右。

65. 怎样采收马蹄莲切花及正确采后处理？

马蹄莲切花应该在花梗依然很好地直立时采收。以一天中较冷凉的时间采收为宜，可避免植物因过分蒸散作用失水萎凋。如果天气是晴天，应于上午切花水分充足时首先收获最难切下的品种，其他容易切割的品种可以在中午等一天内的其余时间容易地被收获。在收获时对切花洒水是一个好的方法，因为这将使工作加速。但这也是有风险性的，因为水分可以积聚在叶腋处。切下花梗时，积水可能触及切割伤口，有可能导致欧文氏菌的暴发。

根据天气的情况，一般每5天采切1次。切花通常在被捆绑成束后放置在水里，也可以在收割箱里放置几小时。当把捆绑成束后的花放置水里时，应确保所有的花梗排列整齐，即使有些花枝有点短。否则许多品种的花将易折断并且有开始凋谢的倾向。含糖的瓶插液使花茎不易弯曲。漂白粉（如可利鲜CVB）是马蹄莲切花有效的杀菌剂。

66. 马蹄莲花梗为什么易软腐溃烂？应如何（怎样）处理？

整束马蹄莲在捆扎或在运输过程中花梗容易受伤，受伤的花梗受到细菌感染后，易使花梗软腐。可使用杀菌剂作花梗表面消毒。例如：稀释500倍的抑菌剂瞬间消毒花梗表面，这就犹如我们在打针前都以酒精消毒杀菌皮肤表面一般。

67. 马蹄莲梗基部为何易变红？

马蹄莲梗基部易变红，主要是因为花梗内部含有的多酚氧化酶的作用，使得花梗易变红、变褐，犹如削了皮的苹果的褐变现象一般。马蹄莲浸泡水中越久，则褐变的程度也越深。抑菌剂因为减少微生物伤口从而具有抑制褐变的效果，故插于稀释500～1 000倍抑菌剂中，可抑制褐变发生，并可抑制花梗基部溃烂，有效改善吸水性，间接影响苞片的挺直度。

68. 马蹄莲梗基部经长期浸泡清水中容易裂开，应如何（怎样）处理？

由于渗透压的不平衡，使花梗细胞胀裂，可在稀释1 000倍抑菌剂中加入0.8%食盐，或插入切花保鲜剂中避免花梗基部裂

开及褐变现象的发生。

69. 马蹄莲的苞片易干萎，应如何处理？

对于苞片已部分干萎的马蹄莲切花，可浸泡于稀释 1 000 倍的抑菌剂中，约经 2 小时，可使苞片恢复直挺，且不会长黑点（霉菌生长）。

70. 买来的马蹄莲为什么不会开花？

过于含苞（太嫩）采收容易造成切花不开花或者着色不均匀。马蹄莲切花一般约在三分开时采收。此外，环境温度过低也会影响蕾期采收切花的开放，冬季采收的成熟度应比夏季晚。

71. 勿忘我为什么容易弯茎？应如何选购？

造成这个现象的原因有两个：①采收时成熟度不足，②花朵淋雨造成水伤。选购时用手触摸花萼，有如纸张沙沙声者表示成熟度高、品质良好，不易弯茎。

72. 如何预防勿忘我采后花梗变黄或黑？

带有切割伤口的勿忘我花梗易受微生物感染，易变黑或变黄，瓶插寿命缩短，若先以稀释 500 倍抑菌剂瞬间浸泡花梗，再插于稀释 1 000 倍的抑菌剂中，可防止勿忘我花梗变黑。

73. 怎样处理远销的文心兰？

文心兰在下午采收后，以稀释 500～1 000 倍的抑菌剂及万灵瞬间浸泡或喷洒花束以达抑菌及杀虫的目的。将花束放于 15℃冷藏柜，并插于稀释 1 000 倍的抑菌剂，以晾干花束上的水滴，并充分补充花束所需水分；在小套管中装入稀释 800～1 000 倍的抑菌剂或并添加水量 1%的糖水，可补充养分并有效延长切花寿命，花梗不易褐变；若希望花梗吸水性更强，可于稀释

800～1 000 倍的抑菌剂中加入水量 0.5%～4.0%的药用酒精。在同时使用抑菌剂与杀虫剂时，需注意两种浓缩药剂需分别加水，不得同时添加两种浓缩药剂，再添加水，否则两种浓缩药剂亦起化学作用。

74. 换水时应该重新剪切花茎吗?

如果只用自来水插花，几天以后瓶插液和花茎导管就会被微生物污染，特别是从田间或温室带着很多污染的切花。从审美的角度，应该考虑换水。花茎已被瓶子里的水污染，重新剪切茎非常必要。将花茎末端剪掉 5～10 厘米，再放入干净的水中。如果使用了切花保鲜液，则没有必要换水，插在适宜保鲜液中的切花可以保持花茎的清洁和生命力。

75. 为什么不能将切花叶片插入水中?

叶片的表面带有来自生产和流通环节侵染的各种微生物，而且与茎相比，叶的表面积往往大得多，浸入水中的叶片将带给瓶插液大量的微生物污染源。因为水分吸收的原因，茎必须插入水中，而叶则不需要，所以需要将水面以下的叶片摘除。

76. 是否应该除去花茎上的刺?

为了操作方便及保护手，人们常常除去切花花茎上的刺，而去刺会严重影响切花品质。

去刺给花茎造成很多伤口，每个伤口都会带给茎表伤害、细胞液流失，被称为切花“瓶插寿命杀手”。损伤细胞的细胞渗出液为微生物提供物质营养，造成瓶插液污染。污染加上组织的创伤反应等很容易导致切花萎蔫、发育滞缓，如果是玫瑰花，会加剧弯茎现象。有关玫瑰切花的瓶插寿命实验表明，带刺的玫瑰比去刺玫瑰的瓶插寿命更长。在加入切花保鲜液后这种差异消失，但去刺玫瑰的瓶插液同样会变得混浊。

对作为捧花等特定用途必须去刺时，最好用手操作、伤口尽可能小。一般情况为保证瓶插寿命，不建议去除刺。

77. 什么原因造成切花叶片黄化？

绿色叶片中的叶绿素代谢主要由植物激素调控，切花从母株上剪切下来后，不再可能从母株获得植物激素，叶片因为缺乏充足的植物生长激素而黄化，所以切花采后必须人为补充激素防止叶片黄化。常见容易发生叶片黄化的切花有百合、菊花、六出花、向日葵、郁金香、紫罗兰等。

78. 切花发生叶烧的主要原因？

叶烧是一个复杂的生理现象，是叶片细胞壁破裂、细胞崩解的结果。细胞壁破裂的一个主要原因是过度的渗透吸水。

造成叶烧的原因主要有以下几方面：

（1）过长的光照时间　长日照或冬季过长的人工补光，切花长时间处在光下，气孔不能正常的昼开夜闭、丧失关闭能力，气孔开张持续蒸腾使得切花吸收过量的水分，因张力过度导致细胞壁破裂。

（2）保鲜液中糖浓度过高　保鲜液中糖浓度超过规定量的150％。

（3）离子毒害　取自井水等的瓶插液里含有有毒的金属离子，如锌、氯、氟、铁等，有时花瓶清洁产品中也含有这类离子。

（4）茎秆黏液或其他分泌物　来自混合花束中某些花卉的黏液或分泌物，如水仙花，会毒害其他切花导致叶烧。

79. 为什么切花容易落花、落叶？

乙烯是乙烯敏感植物老化的关键调控因子，大部分切花属于乙烯敏感型，切花落花、落叶通常由过量的乙烯引起。引起切花老化、落花、落叶的乙烯主要有以下两个来源：

（1）自身产生的内源乙烯　当切花从母株上剪切下来时，切割伤口会刺激乙烯产生，即人们常说的伤乙烯；正常的老化过程也会产生乙烯，切花自然发育及由切割刺激的快速老化进程均会增加乙烯的产生。

（2）来自周围环境的外源乙烯　汽车等动力废气、工业烟雾、香烟、果蔬、微生物等会释放大量的乙烯，这些乙烯被乙烯敏感型切花吸收后会促进更多的内源乙烯产生，从而加快切花老化的速度。常见的乙烯敏感型切花有香石竹、六出花、百合、兰花、乌头、飞燕草、满天星等。

为了防止自身产生的乙烯对切花的为害，可以在早期使用含有 STS、1 - MCP 等乙烯抑制剂的保鲜产品，例如可利鲜 AVB。由于乙烯是一种极易挥发的气体，良好的通风条件可以防止环境中乙烯浓度过高。当然，让切花远离乙烯源可有效防止乙烯伤害。

80. 切花瓶插的持久性由什么决定？

不同的切花有不同的正常瓶插寿命，对于这一点消费者一般都很清楚，但一个消费者经常问的问题是，为什么有些切花寿命长、有些切花寿命短，如菊花、红掌的瓶插寿命远远长于玫瑰、洋桔梗。

决定切花瓶插寿命长短的因素主要有以下 3 个：

（1）切花本身的遗传　遗传决定了切花寿命的长短，有些切花正常的寿命为 1 周左右，有些切花却长达 1 个月，所谓切花寿命的延长或缩短是相对于其正常的寿命而言。采后处理不可能影响或调控其潜在的遗传寿命。

（2）切花栽培的条件　适宜的栽培条件使植物健康生长，具备好的内在及外在切花品质，为充分展示切花潜在的遗传寿命提供条件。

（3）采收处理及环境条件　切花是一个脱离母体的生命活体，采后处理及流通环境的条件（温度、光照、气体、湿度、卫生条件、配送时间）极大地影响切花的发育，进而影响切花潜在的遗传寿命。

81. 为什么有些切花在混合花束中不能正常开放？

切花消费者经常遇到的一个问题是：切花在混合花束中的寿命往往比单独瓶插时短，玫瑰、非洲菊等切花常有这个问题。

导致这种影响的主要原因有两点：①有些切花分泌物中含有对其他切花有毒的物质，如水仙花分泌的黏液中含有对郁金香、银莲花等毒害的物质，但对很多切花分泌物的影响目前我们知道的很少；②微生物的污染，混合花束中切花携带有不同的微生物，尤其是那些来自卫生条件不好的切花，带污染的切花加上切割伤口中释放的营养物，使瓶插液中的微生物急剧增长。

缓解这一问题的措施有：瓶插前将茎端剪去5～10厘米，每次添加或更换时都使用新鲜的瓶插液，对已知有毒害分泌物的切花进行专门的处理，使用切花保鲜剂。

82. 为什么混合花束中的切花开放不一致？

混合花束常遇到的另一个问题是：不同切花开放时间不一致，有的花已开放，有的还在蕾期，切花观赏价值未能充分利用。

造成这种现象的原因可能有：①切花的收获阶段不同，如只能充分开放后采收的非洲菊、菊花整个过程都是开花状态，而像玫瑰、洋桔梗、鸢尾等蕾期采收的切花，则要经历从蕾期到开花的过程；②对营养的需求也不同，不同发育特点的切花对营养的需求不同，营养供给不足会抑制营养需求大的切花的发育；③瓶插液的质量，污染的瓶插液不能正常供给切花所需的水分和养分。

83. 怎样处理提前萎蔫的花朵?

鲜花没有永久开放的，一段时间后所有的花都会开始衰老、枯萎。但不同切花、或同种切花不同花枝开花衰老的速度可能不一样，有些切花比其他的切花衰老得更快。萎蔫的切花会释放乙烯、污染保鲜液而影响其他切花的正常发育，且从审美角度上萎蔫切花影响美观，无论什么情况都应该去掉枯萎的切花。切花保鲜处理可以延长切花寿命，例如欧洲许多切花超市都有最低 7 天瓶插寿命的保障。需要注意的是自然寿命短的切花需要更多的采后处理。

84. 为什么不能将鲜花同水果放在一起?

插花作品中经常将切花和水果组合在一起，这种作法其实是很不科学的。成熟的水果产生大量的乙烯气体，会加速乙烯敏感型切花的老化进程。无论是插花或切花的贮藏、运输都应该远离容易产生大量乙烯的果蔬产品。大部分切花为乙烯敏感型，如香石竹、乌头、飞燕草、百合、兰花及许多夏季切花等。

对于自身产生的乙烯，为了防止对切花的为害，可以使用一些保鲜产品，例如可利鲜 AVB 抑制乙烯的合成或作用。对于来自外界的乙烯气体，由于乙烯气体是一种极易挥发的气体，良好的通风可以防止空气中乙烯的含量过高。

85. 如何防治被称为月季等切花采后“癌症”的灰霉病?

一谈到导致玫瑰切花质量损失的因子，灰霉病总是位居榜首。除了玫瑰，灰霉病对非洲菊、六出花、洋桔梗等的为害也相当严重。灰霉菌是一种真菌，其孢子可以通过空气传播，孢子在植物组织中的移动需要水分，当温度波动时在花材、包装材料上产生的结露足以使灰霉孢子萌发和快速发展。

防治灰霉病的关键，一方面是防止病菌侵染，另一方面是防止孢子萌发。防止侵染主要是卫生，保持清洁和清除侵染源；防止孢子萌发要避免由于温度波动过大（例如频繁开关冷库门）产生的结露、花材表面喷雾、密封包装内的结露、花材长期保持湿润等，尤其是要避免花材表面出现结露。低温下病菌发育速度减慢，因此尽可能在低温条件下贮藏运输切花。

86. 为什么气流对切花不利？

切花对气流非常敏感。切花采收后，来自母体的营养、生长激素、水分供应停止，但包括蒸腾在内的生命过程仍在进行。此外，为防止伤口被侵染和水分丧失，切花剪切伤口会迅速愈合从而降低水分吸收的能力。气流会破坏切花周围静止空气层、加剧切花蒸腾，很容易导致切花因过度失水而萎蔫。

从种植者采收切花到花店零售切花的整个过程中，切花离开水面是不可避免的，切花水分平衡被破坏，为保持切花新鲜及正常代谢，必须增加吸水、降低蒸腾。气流促进蒸腾，因此不利于切花。

87. 为什么要避免阳光直射切花？

切花必须避免阳光直射和靠近热源，虽然光和热是植物生长必不可少的元素。但对于已经离开母株的切花，情况彻底改变了。切花离开母株后，光合作用基本停止，对光的需求大大减少。阳光直射会导致温度升高，加速切花老化和切花对衰老激素乙烯的敏感性，温度升高促进瓶插液中微生物的增长。同时光照使气孔张开蒸腾加速，扰乱水分平衡。因此要避免阳光辐照对切花的伤害，将切花放置在远离门和窗的地方。

88. 使用铁丝、有机绑扎材料会影响切花的品质吗？

是的，铁丝和有机绑扎材料会给切花带来负面影响。

以花束出售的切花经常需要绑扎。如果人们用有机材料绑扎花束，会对切花的瓶插寿命造成负面影响。当人们用铁丝来保持非洲菊直立时，同样会影响切花的瓶插寿命。携带有微生物的有机材料不但成为瓶插液的污染源，同时也是瓶插液中微生物的营养源；没有保护层的铁丝在酸性溶液中会被腐蚀、释放铁离子到瓶插液中毒害切花。用铁丝支撑非洲菊时，经常会看到铁丝生锈、切花瓶插寿命缩短。

其实具有强健茎秆的非洲菊切花不需要铁丝支撑，本身就可以保持直立。对于必须需要绑扎或支撑的切花，只能选用塑料材料或铝线。

89. 购买的切花应该在什么条件下过渡？

刚购买的切花一般都经历了一段时期的干燥条件，切花处于水分胁迫状态。且当切花从母株上剪切下来后，开始了一个对新环境的适应期，尽快将切花恢复到健康状态十分重要。

自切花剪切、失去来自母株供应的水分后，切花蒸腾仍在继续，因此水分平衡已丧失，必须降低蒸腾、补充水分以恢复健康状态。因此将刚购买的切花，带着包装置于黑暗、低温、湿润的环境中一段时间，有利于保护切花、促进切花水分吸收、减少切花水分蒸腾。

主要参考文献

包满珠．2003. 花卉学［M］．北京．中国农业出版社．

北京林业大学园林系花卉教研组．1990. 花卉学［M］．北京：中国林业出版社．

蔡明．2007. 香石竹切花采后生理及保鲜技术研究进展［J］．现代园艺（10）：8-10.

陈超，薛秋华，林如，等．2005. 保鲜剂对唐菖蒲切花延衰的生理作用［J］．热带作物学报．26（1）：70-74.

陈春玲，赖钟雄．1999. 切花采后生理与保鲜的研究进展［J］．世界农业．10：38-40.

陈丹生，王精明，丁有雄．2004. 鲜切花的衰老与保鲜［J］．亚热带植物科学．3（1）：73-76.

陈加忠．2006. 台湾文心兰的采后处理［J］．中国花卉园艺（3）：42-44.

陈彦睿，许谦信，易美秀，等．1998. 立式可回收容器在玫瑰保鲜之利用［J］．台湾农业，34（2）：66-67.

陈源泉．2006. 保鲜剂及冷藏对鹤望兰切花瓶插品质的影响［J］．亚热带植物科学（4）：32-34.

程聪，王茜，杜玉婷，等．2010. 细胞分裂素对唐菖蒲切花的保鲜效应［J］．贵州农业科学，38（8）：184-186.

程金水．2000. 园林植物遗传育种学［M］．北京：中国林业出版社．

程潇筱．2007. 文心兰花期调控技术的现状与展望［J］．华南热带农业大学学报（12）：55-57.

崔新琴，张光弟，俞晓艳，等．2005. 几个彩色马蹄莲品种的引种栽培及切花的水插寿命研究［J］．宁夏农林科技（1）：5-8.

代海芳，汤菊香，李勇超，等．2009. 采前处理对牡丹切花保鲜的影响［J］．安徽农业科学，37（32）：15969－15986.

董生健．2001. 彩色马蹄莲切花栽培技术［J］．农业科技与信息（9）：20.

高俊平，姜伟贤．2000. 中国花卉科技二十年［M］．北京：科学出版社．

高俊平，孙自然，周山涛．1996. 香石竹和满天星真空预冷中水分补充方式的研究［J］．中国农业科学（29）：194－198.

高俊平，张晓红，黄绵佳，等．1997. 月季切花开花和衰老进程中乙烯变化类型的划分［J］．园艺学报，24（3）：274－278.

高俊平．2002. 观赏植物采后生理与技术［M］．北京：中国农业大学出版社．

高勇，吴绍锦．1989. 切花保鲜剂研究综述［J］．园艺学报（02）：139－145.

何生根，冯常虎．1996. 切花生产与保鲜［M］．北京：中国农业出版社．

胡锡岚．1995. 切花保鲜新技术［M］．北京：中国农业出版社．

胡绪兰．1996. 切花保鲜新技术——中外290种鲜花、配叶、盆栽植物采后处理、贮藏、营销技术［M］．北京：中国农业出版社．

黄海泉．2009. 不同保鲜剂对六出花切花的保鲜效果研究［J］．黑龙江农业科学（3）：80－82.

黄绵佳，高俊平，张晓红．1998. PPOH延缓月季切花开花和衰老的研究［J］．园艺学报，25（1）：70－74.

黄苏珍，郭维明，韩玉林，等．2003. 切花荷兰鸢尾（*Iris xiphium* L. var. *hybridum*）低温处理与保鲜［J］．植物资源与环境学报，12（1）：50－55.

黄素华．1999. 唐菖蒲切花冷藏保鲜的初步研究［J］．龙岩师专学报，17（3）：72－74.

黄运风．2005. 月季切花保鲜技术研究初报［J］．广西农业科学（4）：333－335.

姜跃丽．2009. 切花洋桔梗采后处理技术［J］．南方农业（3）：67－69.

焦晋川．2007. 香石竹切花保鲜方法研究进展［J］．北方园艺（5）：126－128.

李德明，张秀娟，郑昕．2010. 马蹄莲采后衰老生理特性的研究［J］．北方园艺（5）：93－97.

李娜，王文元，鞠亮，等．2008. 风信子研究进展［J］．现代园林（6）：90-92.

李润清，付强，田福忠，等．2000. 谈谈国花牡丹的科学引种与鲜切花技术［J］．种子，108（2）：80.

李宪章．1998. 切花保鲜新技术［M］．北京：金盾出版社．

李枝林．2010. 鲜切花栽培学［M］．北京：中国农业大学出版社．

刘刚．2002. 香石竹切花保鲜技术［J］．园林花卉（4）：42-43.

刘国荣．2006. 月季花保鲜方法的研究［J］．河北林果研究（4）：451-453.

刘建敏，耿凤梅，魏洪杰．2007. 风信子的栽培与花期控制技术［J］．北方园艺（3）：124-125.

刘武．2010. 盆栽与切花蝴蝶兰保鲜技术及其机理的研究路径［J］．安徽农学通报（13）：108，12.

刘燕．2003. 园林花卉学［M］．北京：中国林业出版社．

陆琳，张颢，王继华．2004. 不同预处理液处理对花毛茛切花瓶插寿命的影响［J］．云南农业科技（5）：13-15.

罗红艺，黄炜玲，李兰兰，等．2005. 含 Al2（SO4）3 的保鲜剂对百合切花的保鲜效应［J］．植物生理学通讯，41（6）：773-774.

罗红艺，景红娟，李金枝．2004. 含 B_9 的保鲜剂对非洲菊切花的生理效应［J］．华中师范大学学报，38（2）：367-369.

乔勇进，徐芹．2007. 鲜切花采后处理及保鲜技术［J］．农产品加工学刊（11）：7-11.

史言妍，高亦珂．2010. 鸢尾属植物育种研究进展［J］．黑龙江农业科学（8）：155-158.

苏军，叶文．1997. 含抗坏血酸保鲜剂对小苍兰切花几个衰老指标的影响［J］．上海农业学报，13（4）：80-82.

孙向丽．2006. 菊花采后生理与技术研究进展［J］．西北林学院学报（6）：84-89.

田如英．2005. 不同保鲜剂对洋桔梗鲜切花保鲜效果的影响［J］．植物生理学通讯（5）：625-626.

田煦，熊兴耀，尹邦奇．1995. 鲜切花衰老机理及保鲜技术研究进展［J］．湖南农业大学学报（04）：414-419.

王诚吉，马惠玲．2004．鲜切花栽培与保鲜技术［M］．陕西：西北农林科技大学出版社．

王合理．1999．低温贮藏对安祖花含糖量和呼吸速率的影响［J］．植物生理学通讯，35（6）：458－460．

王丽花，黎其万，和葵，等．2008．我国花卉质量标准现状及与国外比对分析［J］．农业质量标准（2）：30－32．

王荣花，李京春，任淑芳，等．2005．杀菌剂和低温贮藏对芍药切花保鲜及其生理变化的影响［J］．西北植物学报，25（10）：1992－1996．

王文哲，徐珊珊．2010．鲜切花采后保鲜技术和养护方法［J］．中国园艺文摘（12）：128－129．

王兴国．2003．保鲜剂对香石竹切花保鲜剂效果的影响［J］．辽宁农业职业技术学院学报（4）：22－23．

王燕，叶琴．2002．唐菖蒲鲜切花保鲜剂的研究［J］．北方园艺（4）：44－45．

王誉蓓，樊国盛，秦悦，等．2009．不同保鲜剂对大花飞燕草鲜切花保鲜效果的研究［J］．江苏农业科学（5）：249－251．

韦三立．2001．花卉贮藏保鲜［M］．北京：中国林业出版社．

韦三立．2002．花卉产品采收保鲜［M］．北京：中国农业出版社．

魏文辉，王力军，覃瑞，等．2000．牡丹切花衰老过程中内源激素水平变化的研究［J］．湖北民族学院学报，18（4）：1－6．

魏秀俭，郭尚敬，齐君，等．2008．苯甲酸钠在芍药切花保鲜中的作用研究［J］．安徽农业科学，36（28）：12494－12495．

魏云华．2010．6－BA与B9对洋桔梗鲜切花保鲜影响的研究初探［J］．福建农业科技（2）：41－43．

吴红芝，赵燕．2001．切花采后生理生化及其保鲜技术研究进展［J］．云南农业大学学报，16（4）：320－324．

吴少华，李房英．1999．鲜切花栽培和保鲜技术［M］．北京：科学技术文献出版社．

伍培，周玉礼，郑洁．红掌与非洲菊切花减压冷藏保鲜技术研究［J］．现代商业（20）：288．

夏晶晖．2009．切花月季采后保鲜技术的研究［J］．江苏农业科学（1）：262－263．

夏宜平．2000. 切花周年生产技术［M］．北京：中国农业出版社．

熊斌．2007. 蝴蝶兰的采后生理变化及其保鲜技术［J］．温室园艺（3）：60-61.

熊济华．1998. 观赏树木学［M］．北京：中国农业出版社．

熊运海．2004. 满天星切花提前采收贮藏保鲜效应研究［J］．西南民族大学学报（5）：624-626.

许蕊，张波，霍燕霞，等．2009. 芍药切花生理生化及保鲜技术研究进展［J］．安徽农业科学，37（13）：5947-5949.

薛梅，王大平，李晓英．2010. 化学保鲜剂对马蹄莲切花的保鲜效应［J］．北方园艺（8）：189-191.

杨艳丽，周丽凤．2010 百合鲜切花采收及保鲜技术［J］．云南农业（10）：56-57.

叶南山．2005. 郁金香采后生理机能与冷藏技术［J］．制冷（2）：80-83.

义鸣放．2000. 球根花卉［M］．北京：中国农业大学出版社．

游捷．2000. 低温贮藏对菊花插穗扦插成活率的影响［J］．河北农业大学学报，18（6）：51-55.

曾长立，张萍，高汉进．2002. 唐菖蒲切花保鲜剂的优化配方初探［J］．江汉大学学报，19（3）：48-51.

张驰．2000. 切花栽培新品——荷兰鸢尾［J］．西南园艺，28（1）：34.

张翠华，郑成淑，孙宪芝，等．2008. 6-BA 对牡丹切花保鲜及生理生化特性的影响［J］．山东农业大学学报，39（2）：203-206.

张颢，王继华，唐开学．2008. 花卉采后保鲜实用新技术［M］．北京：化学工业出版社．

张华．2009. 六出花切花保鲜剂成分及其效果［J］．安徽农业科学（19）：9117-9119，9134.

张静，刘金泉．2009. 鲜切花保鲜技术研究进展［J］．黑龙江农业科学（1）：144-146.

张克中，赵祥云，贾月慧．2002. 唐菖蒲切花保鲜技术研究［J］．北京农学院学报，17（1）：22-26.

张淑梅，王兴国，刘继生，等．2002. 药剂处理对唐菖蒲切花瓶插观赏品质的影响［J］．北方园艺（4）：42-43.

章建浩．2001. 食品包装大全［M］．北京：中国轻工业出版社．

章玉平，冼昭燕，程筱莹 . 2004. 不同保鲜剂对非洲菊切花的保鲜效应 [J] . 亚热带植物科学，33 (1)：26 - 28.

昭燕，程萧莹 . 2004. 不同保鲜剂对非洲菊切花的保鲜效应 [J] . 亚热带植物科学，433 (1)：26 - 28.

赵宏波，孙桂弟，黄苏珍，等 . 2003. 不同预冷方式及保鲜液配比对荷兰鸢尾切花采后保鲜的影响 [J] . 植物资源与环境学报，12 (4)：31 - 34.

赵聚仁 . 2001. 花卉采后技术 [M] . 昆明：云南科技出版社 .

赵妮 . 2003. 月季切花采后生理及贮藏、保鲜技术的研究进展 [J] . 陕西农业科学 (5)：34 - 37.

赵志昆，赵英 . 2003. 马蹄莲习性与切花生产 [J] . 北方园艺 (2)：42 -43.

周秀梅，李保印 . 2007. 中国牡丹切花保鲜研究进展 [J] . 北方园艺 (12)：60 - 62.

邹伟民，郑世火，黎学军 . 1993. 切花辐射保鲜技术研究 [J] . 核农学通讯，14 (2)：67 - 68.

ALTVORST VAN，AGBOVY. 1995. The role of ethylene in the senescene of carnation flowers，a review [J] . Plant Growth Regulation (16)：43 -53.

BLANKENSHIP S M，BAILEY D A，MILLER J E. 1993. Effects of continuous，low levels of ethlene on growth and flowering of easter lily [J] . Scientia Horticulturae (53)：311 - 317.

BROSNAN T，DA - WEN SUN. 2001. Precooling techniques and applications for horticultural products——a review [J] . International Journal of Refrigeration (24)：154 - 170.

BURDETT，A N. 1970. The cause of bent - neck in cut roses. J. Am. Soc [J] . Hortic. Sci (95)：27 - 31.

BYUNG - CHUN INA，KATSUHIKO INAMOTOB，MOTOAKI DOIC. 2009. A neural network technique to develop a vase life prediction model of cut roses [J] . Postharvest Biology and Technology (52)：273 - 278.

D，CHEBLI B. 1999. Effects of pre - and postharvest calcium applications on the vase life of cut gerberas [J] . Journal of Horticultural Science &Biotechnology，74 (1)：78 - 81.

DAMUNPOLA J W，QIAN T，MUUSERS R，et al. 2010. Effect of S - carvone on vase life parameters of selected cut flower and foliage species [J] . Postharvest Biology and Technology（55）：66 - 69.

DA WEN SUN，LIYUN ZHENG. 2006. Vacuum cooling technology for the agri - food industry：Past，present and future [J] . Journal of Food Engineering（77）：203 - 214.

DEVECCHI M，GIUSTA R，SEGLIEI L，et al. 2009. Postharvest Conservation of Cut Stems of Genista monosperma 'Gabriella' in Controlled Environmental Conditions and Preservative Solutions [J] . Acta Hort：385 -392.

DOORN VAN W G. 1997. Water Relations of Cut Flowers [J] . Horticulture Reviews（18）：1 - 85.

DOORN VAN W G. 1995. Vascular Occlusion in cut Rose Flowers：A Survey [J] . Acta Horticulture（405）：58 - 66.

ELIBOX W，UMAHARAN P. 2010. Cultivar differences in the deterioration of vase - life in cut - flowers of Anthurium andraeanum is determined by mechanisms that regulate water uptake [J] . Scientia Horticulturae（124）：102 - 108.

FRANCO R E ，HAN S S. 1997. Respiratory changes associated with growth-regulator-relayed leaf yellowing in easter lily [J] . Journal of the American Society of Horticultural Science，122（1）：117 - 121.

GEERDINK G M，PINTO A C R，OLIVEIR A R F，et al. 2007. Dry Storage of Cut Rolled Leaves of *Ctenanthe setosa* on Foliage Postharvest Longevity and Quality [J] . Acta Hort：429 - 436.

GROOT N S P DE. 1998. Floriculture Worldwide Trade and Consumption Patterns [D] . Global Horticultural Impact/Floriculture Worldwide.

HALEVY A H，MAYAK S. 1981. Senescence and Postharvest Physiology of Cut Flowers in Part 1 [J] . Horticultural Reviews（3）：204 - 223.

HVOSLE - EIDE A K. 2009. Molecular Aspects of Postharvest Biology [J] . Acta Hort：67 - 74.

ICHIMURA K，HIRAYA T. 1999. Effect of silver thiosulfate（STS）in combination with sucrose on the vase life of cut sweet pea flowers [J] .

Journal of the Japanese Society for Horticultural Science, 68 (1): 23 -27.

ITO M, YAMAKI S, YAMADA K. 2007. The Role of Invertase in Rose Flowers in Postharvest Conditions [J] . Acta Hort: 489 - 494.

JANOWSKA B, JERZY M. 2003. Effect of Gibberellic Acid on the post - harvest leaf longevity of Zantedeschia elliottiana [J] . Journal of Fruit and Ornamental Plant Research (11): 69 - 76.

JOANNA N, RYSZARD M. RUDNICKI. 1990. Postharvest handling and storage of cut flowers, florist greens and potted Plants [M] . New York: Tomber Press.

LIU J, ZHANG Z, JOYCE D C. 2009. Effects of Postharvest Nano - Silver Treatments on Cut - Flowers [J] . Acta Hort: 245 - 250.

MACNISHA A J, THEIJE A D, REID M S. 2009. An Alternative Postharvest Handling Strategy for Cut Flowers - Dry Handling after Harvest [J] . Acta Hort: 215 - 222.

MARGRETHE S, SISLER E C, FRELLO S, et al. 2006. Postharvest technologies for extending the shelf life of ornamental crops [J] . Int. J. Postharvest Technology and Innovation, 1 (1): 69 - 75.

MEETEREN U V. 2007. Why Do We Treat Flowers the Way We Do? A System Analysis Approach of the Cut Flower Postharvest Chain [J] . Acta Hort: 61 - 73.

MEETERENA U V. 2009. Causes of Quality Loss of Cut Flowers - a Critical Analysis of Postharvest Treatments [J] . Acta Hort: 27 - 30.

MEIR S, SALIM S, CHERNOV Z, et al. 2007. Quality Improvement of Cut Flowers and Potted Plants with Postharvest Treatments Based on Various Cytokinins and Auxins [J] . Acta Hort: 143 - 154.

POMPODAKIS N E, LEON A T, JOYCE D C, et al. 2005. Effect of seasonal variation and storage temperature on leaf chlorophyll fluorescence and vase life of cut roses [J]. Postharvest Biology and Technology (36): 1 -8.

REID M S, WU M J. 1992. Ethylene and senescence. [J] Plant Growth Regulation (11): 37 - 43.

REID, M S, MOKHTARI, et al. 1996. Modelling the postharvest life of cut roses [J] . Acta Hort (424), 137 - 144.

RUDNICKI R M, JOANNA NOWAK, et al. 1991. Cold Storage and Transportation Conditions for Cut Flowers Cuttings and Potted Plants [J] . Acta Horticulturae: 225 - 236.

SKUTINIK E, et al. 2001. Effect of growth regulators on postharvest characteristics of *Zantedeschia aethiopica* [J] . Postharvest Biology an d Technology. 21: 221 - 224.

SKUTNIK E, LUKASZEWSKA A J, SEREK M, et al. 2001. Effect of growth regulators on postharvest characteristics of *Zantedeschia aethiopica* [J] . Postharvest Biology and Technology (21): 241 - 146.

SPINAROVAA S, STEINBACHERB L H F. 2009. The Application of UAe Technique in Postharvest Studies of Cut Flowers [J] . Acta Hort: 45 -50.

STANLEY P. BURG. 2006. Postharvest physiology and hypobaric storage of fresh produce [J] . Int. J. Postharvest Technology and Innovation, 1 (1): 133 - 138.

THAWIANG N, BUANONG M, KANLAYNARAT S. 2007. Effect of Thidiazuron on Postharvest Quality of Cut Flowers of Anthurium (*Anthurium andraeanum* L. cv. Marshall) [J] . Acta Hort: 415 - 418.

TJEERD DE LOOZE, JAAP VAN STAAVEREN. 2003. Post Harvest Treatment of Cut Flowers.

VAN DER SMAN R G M, EVELO R G, WILKINSON E C, et al. 1996. Quality loss in packed rose flowers due to Botrytis cinema infection as related to temperature regimes and packaging design [J] . Postharvest Biology and Technology (7): 341 - 350.

VONK N C. 1999. Problems of Postharvest Management in Cut Flowers [J] . Acta Hort (482): 53 - 58.

ZAND LEUNG DWAN Z. 2001. Elevation of soluble sugar levels by silver thiosulfate is associated with vase life improvement of cut gentian flowers [J] . Journal of Applied botany (75): 85 - 90.

ZIESLIN, N, KOHL, et al. 1978. Changes in the water status of cut roses and its relationship to bent - neck phenomenon [J] . J. Am. Soc. Hortic. Sci (103), 176 - 179.

图书在版编目（CIP）数据

鲜切花综合保鲜技术与疑难解答/吴红芝，赵燕主编.—北京：中国农业出版社，2012.4
ISBN 978-7-109-13723-3

Ⅰ.①鲜…　Ⅱ.①吴…②赵…　Ⅲ.①切花—保鲜　Ⅳ.①S680.9

中国版本图书馆 CIP 数据核字（2012）第 061167 号

中国农业出版社出版
（北京市朝阳区农展馆北路 2 号）
（邮政编码 100125）
策划编辑　黄　宇
文字编辑　廖　宁

中国农业出版社印刷厂印刷　　新华书店北京发行所发行
2012 年 7 月第 1 版　　2012 年 7 月北京第 1 次印刷

开本：850mm×1168mm 1/32　　印张：7.625　　插页：4
字数：190 千字
定价：22.00 元

单枝百合瓶插

分级包装后待拍卖的非洲菊切花（昆明）

礼佛专用的热带兰花束

分级包装后置于保鲜液中待拍卖的月季切花

干式待拍卖的月季切花（昆明）

湿式（插水）待拍卖的月季切花（昆明）

昆明花卉拍卖中心

传统花卉市场待售的多头切花菊

红掌包装室

切花菊分级、包装流水线

拍卖后的切花

香石竹切花分级包装

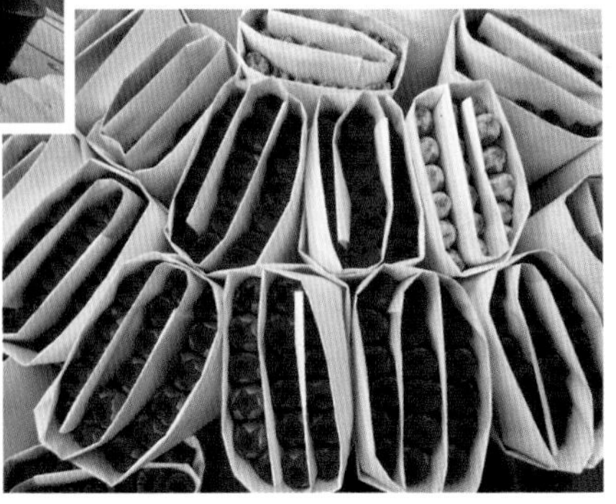
香石竹切花瓦楞纸包装

新颖独特的香石竹切花新品种

零售切花冷藏柜

月季切花分级包装

月季切花分级包装后复水处理

荷兰阿斯米尔花卉拍卖市场的保鲜实验室